温室效应

本书编写组◎编

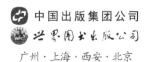

中国出版集团公司

世界图书出版公司

广州·上海·西安·北京

图书在版编目（CIP）数据

温室效应/《温室效应》编写组编. ——广州：世界图书出版广东有限公司，2017.3

ISBN 978 - 7 - 5192 - 2483 - 7

Ⅰ. ①温… Ⅱ. ①温… Ⅲ. ①温室效应 – 青少年读物 Ⅳ. ①X16 – 49

中国版本图书馆 CIP 数据核字（2017）第 049848 号

书	名：	温室效应
		Wenshi Xiaoying
编	者：	本书编写组
责任编辑：		冯彦庄
装帧设计：		觉 晓
责任技编：		刘上锦
出版发行：		世界图书出版广东有限公司
地	址：	广州市海珠区新港西路大江冲 25 号
邮	编：	510300
电	话：	（020）84460408
网	址：	http：//www. gdst. com. cn/
邮	箱：	wpc_ gdst@163. com
经	销：	新华书店
印	刷：	虎彩印艺股份有限公司
开	本：	787mm×1092mm 1/16
印	张：	13
字	数：	193 千
版	次：	2017 年 3 月第 1 版 2019 年 2 月第 2 次印刷
国际书号：		ISBN 978 - 7 - 5192 - 2483 - 7
定	价：	29.80 元

前　　言

　　虽然已经进入隆冬季节，但是纽约却是一番春光明媚的景象：孩子在街头赤脚玩耍；樱桃树鲜花盛放；中央公园绿草如茵，野雁在觅食；人们可以身穿 T 恤、短裤和拖鞋在公园里散步、做运动或者遛狗……不仅在美国，很多国家都出现类似现象，甚至在莫斯科冬季竟然可以看到破土而出的蘑菇……近百年来，地球气候正经历一次以全球变暖为主要特征的显著变化。这种全球性的气候变暖是由自然的气候波动和人类活动增强的温室效应共同引起的。

　　所谓温室效应，指的是太阳短波辐射可以透过大气射入地面，而地球表面增暖后向外放出的长波辐射，却被大气中的二氧化碳等物质吸收，这样就使地球表面与低层大气温度增高，产生大气变暖的效应。因其作用类似于栽培农作物的温室，而大气中的二氧化碳就像一层厚厚的玻璃，使地球变成了一个大暖房，故名温室效应。温室效应正在改变着我们的生活，改变着我们的生存环境。随着温室效应的加剧，大自然已经向我们发出了警报，倘若再不采取有效的措施，人类将面临毁灭性的打击。人类大量砍伐森林，使地球上的森林面积急剧减少，对二氧化碳的吸收能力大大降低，由此引起大气中二氧化碳浓度的日趋升高。某些专家已经提出警告：到2057 年，世界的热带雨林可能全部消失。那么，大气中的二氧化碳将显著增加，"温室效应"的作用将愈加明显，气温的升高将是不可避免的。

　　温室效应带给我们一系列的负面影响。冰川消融、海平面上升、厄尔尼诺现象、拉尼娜现象、印度洋海啸、2004 年肆虐的非典和 2009 年蔓延全球的 SARS……温室效应在给我们造成巨大的生命和财产损失的同时，已经威胁到了全人类的生存和发展。温室效应影响着我们的生活，而造成温室效应的罪魁祸首就是我们人类自己。人类为了自身的发展，肆意破坏着自己的生活环境。现在生存环境已经告急，倘若我们再没有节制地发展下去，人类必将自取灭亡。所以，保护我们生存的环境，已经迫在眉睫。

保护环境，首先要从我们生活的点滴做起，"节能减排"作为一个热门词语，已逐渐深入人们的生活。节能减排是为了减少污染，其根本原因是为了降低温室效应。森林是温度的调剂师，在保护森林的同时，我们要加大植树造林的力度，捍卫我们的绿色家园。除此之外，我们还要开发替代能源，减轻大气的污染。为了人类共同的绿色家园，世界各国也积极地采取措施，寻找解决温室效应的最佳途径。

本书共分了 5 部分：温室效应及其产生、温室效应对环境的影响、温室效应与自然灾害、温室效应对人类生活的影响、环境保护。希望此书能帮助青少年更加详细地了解温室效应及其影响，提高青少年的环境意识，为环境保护贡献自己的一份力量。

"珍惜我们共同的家园——地球"，我们将以热烈而镇定的态度，紧张而有秩序的实际行动投身于人类生存、发展和未来的必然选择——保护环境、珍惜地球、爱护生命、维护和平，扎扎实实地走在世界可持续发展的道路上，走向人类共同的未来。

目 录
Contents

温室效应及其产生

温室效应的概念

寒冷的冬季，可爱的小动物们纷纷躲进洞里，开始了冬眠；树木抖落叶子，迎接下一个春天。可是在一个漂亮的玻璃房子里，花团锦簇，百花争艳，好不热闹！这是为什么呢？

其实原因很简单，关键就在那个漂亮的玻璃房子，人们一般称它为花房。因为它不仅可以让温暖的阳光进入，而且还能阻止屋内的热量向外扩散，这样一来，屋里边就会变得很暖和，花儿自然不惧寒冷，竞相开放。人们把这个叫做"花房效应"。

很多年以前，一年四季，饭桌上的蔬菜单调得很有规律。尤其到了冬天，那更是大白菜的天下，因为它不像其他的蔬菜那样的"矫情"。可是到了后来，出现了花房的"兄弟"——温室大棚，于是，越来越多的蔬菜可以躲避严寒，冬天的餐桌变得丰盛起来。

漂亮的花房

漂亮的花房，温暖的蔬菜大棚，改善了人们的饮食，美化了人们的环境，人们不仅味觉得到了满足，视觉上更是好好地享受了一下。精神愉悦，神清气爽，岂不快哉！

影响我们生活细节的这个小花房——蔬菜大棚，谁能料到它竟然蕴藏着一个"天大的秘密"呢？

花房效应，大名叫"温室效应"，也是大气保温效应的俗称。大气能使太阳短波辐射到达地面，但地表向外放出的长波热辐射线却被大气吸收，这样就使地表与低层大气温度增高，因其作用类似于栽培农作物的温室，故名温室效应。如果大气不存在这种效应，那么，地表温度将会下降约3℃或更多。反之，若温室效应不断加强，全球温度也必将逐年持续升高。

温室有2个特点：温度较室外高，不散热。生活中我们可以见到的玻璃育花房和蔬菜大棚就是典型的温室。使用玻璃或透明塑料薄膜来做温室，是让太阳光能够直接照射进温室，加热室内空气，而玻璃或透明塑料薄膜又可以不让室内的热空气向外散发，使室内的温度保持高于外界的状态，以提供有利于植物快速生长的条件。

在地球大气中，存在一些微量气体，如二氧化碳、一氧化碳、水蒸气、甲烷、氟利昂等，它们也有类似于花房的功能，即让太阳短波辐射自由通过，同时强烈吸收地面和空气放出的长波辐射（红外线），从而造成近地层增温。我们称这些微量气体为温室气体，称它们的增温作用为温室效应。

自工业革命以来，人类向大气中排入的二氧化碳等吸热性强的温室气体逐年增加，大气的温室效应也随之增强，"温室效应"或说全球变暖，造成天气干旱或旱涝不均，使地面植物生长受影响，地面沙漠化加剧，沙尘暴频繁发生等一系列严重问题，引起了全世界各国的关注。

温室效应产生的原因

太阳辐射

"温室效应"是指地球大气层上的一种物理特性。假若没有大气层，地球表面的平均温度不会是现在合宜的 15℃，而是十分低的 – 18℃。这温度上的差别是由于一些温室气体所导致，这些气体吸收红外线辐射而影响到地球整体的能量平衡。在现实生活中，地面和大气层在整体上吸收太阳辐射后能平衡于释放红外线辐射到太空外。但受到温室气体的影响，大气层吸收红外线辐射的分量多过它释放到太空外的，这就使地球表面温度上升，此过程可称为"天然的温室效应"。

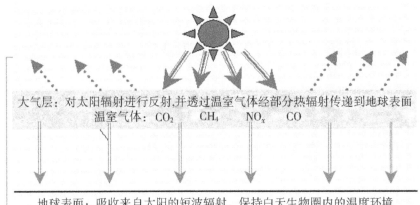

天然温室效应示意图

太阳向宇宙空间发射电磁波和粒子流，地球所接受到的太阳辐射能量仅为太阳向宇宙空间放射的总辐射能量的 1/20 亿，但却是地球大气运动的主要能量源泉。

到达大气上界的太阳辐射能量称为天文太阳辐射量。在地球位于日地平均距离处时，地球大气上界垂直于太阳光线的单位面积在单位时间内所受到的太阳辐射的全部总能量，称为太阳常数。太阳常数的常用单位为瓦/平方米。因观测方法和技术不同，得到的太阳常数值不同。由于太阳辐射波长较地面和大气辐射波长（3~120 微米）小得多，所以，通常又称太阳辐射为短波辐射，称地面和大气辐射为长波辐射。太阳活动和日地距离的变化等会引起地球大气上界太阳辐射能量的变化。

太阳辐射通过大气，一部分到达地面，称为直接太阳辐射；另一部分被大气的分子、大气中的微尘、水汽等吸收、散射和反射。被散射的太阳辐射一部分返回宇宙空间，另一部分到达地面，到达地面的这部分称为散射太阳辐射。到达地面的散射太阳辐射和直接太阳辐射之和称为总辐射。太阳辐射通过大气后，其强度和光谱能量分布都发生变化。到达地面的太阳辐射能量比大气上界小得多，在太阳光谱上能量分布在紫外光谱区几乎绝迹，在可见光谱区减少至40%，而在红外光谱区增至60%。

在地球大气上界，北半球夏至时，日辐射总量最大，从极地到赤道分布比较均匀；冬至时，北半球日辐射总量最小，极圈内为零，南北差异最大。南半球情况相反。春分和秋分时，日辐射总量的分布与纬度的余弦成正比。南、北回归线之间的地区，一年内日辐射总量有2次最大，年变化小。纬度愈高，日辐射总量变化愈大。

到达地表的全球年辐射总量的分布基本上成带状，只有在低纬度地区受到破坏。在赤道地区，由于多云，年辐射总量并不最高。在南北半球的副热带高压带，特别是在大陆荒漠地区，年辐射总量较大，最大值在非洲东北部。

太阳辐射是地球表层能量的主要来源。太阳辐射在大气上界的分布是由地球的天文位置决定的，称此为天文辐射。由天文辐射决定的气候称为天文气候。天文气候反映了全球气候的空间分布和时间变化的基本轮廓。

除太阳本身的变化外，天文辐射能量主要决定于日地距离、太阳高度角和昼长。

地球绕太阳公转的轨道为椭圆形，太阳位于两个焦点中的一个焦点上。因此，日地距离时刻在变化。每年1月2~5日经过近日点，7月3~4日经过远日点。地球上接受到的太阳辐射的强弱与日地距离的平方成反比。

太阳光线与地平面的夹角称为太阳高度角，它有日变化和年变化。太阳高度角大，则太阳辐射强。

白昼长度指从日出到日落之间的时间长度。赤道上四季白昼长度均为12小时，赤道以外昼长四季有变化，40°纬度的春、秋分日昼长12小时，夏至和冬至日昼长分别为14小时51分和9小时09分，到纬度66°33′出现极昼和极夜现象。南、北半球的冬、夏季节时间正好相反。

天文辐射的时空变化特点是：全年以赤道获得的辐射最多，极地最少。

这种热量不均匀分布，必然导致地表各纬度的气温产生差异，在地球表面出现热带、温带和寒带气候；天文辐射夏大冬小，它导致夏季气温高、冬季气温低。

大气对太阳辐射的削弱作用包括大气对太阳辐射的吸收、散射和反射。太阳辐射经过整层大气时，0.29 微米以下的紫外线几乎全部被吸收，在可见光区大气吸收很少。在红外区有很强的吸收带。大气中吸收太阳辐射的物质主要有氧、臭氧、水汽和液态水，其次有二氧化碳、甲烷、一氧化二氮和尘埃等。云层能强烈吸收和散射太阳辐射，同时还强烈吸收地面反射的太阳辐射。云的平均反射率为 0.50 ~ 0.55。

经过大气削弱之后到达地面的太阳直接辐射和散射辐射之和称为太阳总辐射。就全球平均而言，太阳总辐射只占到达大气上界太阳辐射的45%。总辐射量随纬度升高而减小，随高度升高而增大。太阳辐射一天内中午前后最大，夜间为0；一年内夏大冬小。

太阳辐射能在可见光线、红外线和紫外线分别占50%、43%和7%，即集中于短波波段，故将太阳辐射称为短波辐射。

太阳辐射是地球上的能量源泉，大气中发生的一切现象和过程，都与大气辐射能及其转化密切相关。太阳辐射要通过厚厚的大气才能到达地面，这样太阳辐射在地球表面和大气之间就进行着一系列的能量转换，从而形成地球表面复杂的大气热力状况，维持着地球表面的热量平衡。

夏季，有云的白天气温不会太高；冬季，农民用人造烟幕防御霜冻。地球上这些与人类生活和生产密切相关的大气现象，都与大气的热力作用有关。大气对太阳辐射具有削弱作用：①吸收作用。太阳辐射到达大气上界，平流层中的臭氧主要吸收紫外线，对流层中的水汽和二氧化碳等，主要吸收波长较长的红外线，但对占太阳辐射总能量50%的可见光却吸收很少，由此可见，大气直接吸收的太阳辐射能量很少，大部分可见光能够透过大气到达地面上来。从中可看出，大气对太阳辐射的吸收有选择性。②反射作用。大气中的云层和尘埃，具有反光镜的作用，可以把投射其上的太阳辐射的一部分，又反射回宇宙空间。大气对太阳辐射的反射无选择性，任何波长都反射，所以，反射光呈白色云层越厚，表面越大，也就是云量

5

越多，反射越强。这也就是夏季多云，白天的气温不会太高的原因。杂质颗粒越大，反射能力越强。③散射作用。具有一定的选择性。为什么晴朗的天空呈蔚蓝色？在教室里即使照不到阳光的地方也能比较光亮，这是何故呢？以上这两种现象都与大气的散射作用有关。但具体情况不同。当太阳辐射在大气中遇到空气分子或微小尘埃时，太阳辐射中的一部分便以这些质点为中心向四面八方散射开来，改变了太阳辐射的方向，从而使一部分太阳辐射不能到达地面。这种散射作用是有选择性的，波长愈短的光，越易被散射。在可见光中，蓝紫光波长最短，散射能力最强，所以，在晴朗的天空，特别是雨过天晴时，天空呈蔚蓝色。而另一种情况的散射作用的质点是颗粒较大的尘埃、雾粒、小水滴等，它们的散射无选择性，各种波长都散射，所以阴天天空呈白色。这种情况有日出前的黎明、日落后的黄昏等等。空气质点愈大，其散射能力越大。

三种削弱作用都能削弱到达地面的太阳辐射，其中最显著的是反射作用。

太阳辐射被削弱的主要是波长较长的红外线、波长较短的紫外线及可见光的蓝光部分，而能量占大多数的可见光绝大部分能够透过大气层而到达地面，很显然，地表获得的太阳辐射比大气得到的多。大气对太阳辐射的削弱作用因纬度不同而有所差异，这主要跟太阳高度有关系。

太阳高度与太阳辐射经过大气路程长短有关系。太阳高度越大，太阳辐射经过的大气路程越短，被大气削弱得越少，到达地面的太阳辐射就越多；太阳高度越小，太阳辐射经过的大气路程越长，被大气削弱得越多，到达地面的太阳辐射就越少。

地球表面在吸收太阳辐射的同时，又将其中的大部分能量以辐射的方式传送给大气。地球表面这种以其本身的热量日夜不停地向外放射辐射的方式，称为地面辐射。

由于地表温度比太阳低得多（地表面平均温度约为300K），因而，地面辐射的主要能量集中在 1 ~ 30 微米，其最大辐射的平均波长为 10 微米，属红外区间。与太阳短波辐射相比，它称为地面长波辐射。

地面的辐射能力，主要决定于地面本身的温度。由于辐射能力随辐射体温度的增高而增强，所以，白天，地面温度较高，地面辐射较强；夜间，地面温度较低，地面辐射较弱。

地面的辐射是长波辐射，除部分透过大气奔向宇宙外，大部分被大气中的水汽和二氧化碳所吸收，其中水汽对长波辐射的吸收更为显著。因此，大气，尤其是对流层中的大气，主要靠吸收地面辐射而增热。

大气吸收地面长波辐射的同时，又以辐射的方式向外放射能量。大气这种向外放射能量的方式，称为大气辐射。由于大气本身的温度也低，放射的辐射能的波长较长，故也称为大气长波辐射。

大气辐射的方向既有向上的，也有向下的。大气辐射中向下的那一部分，刚好和地面辐射的方向相反，所以称为大气逆辐射。大气逆辐射是地面获得热量的重要来源。由于大气逆辐射的存在，使地面实际损失的热量比地面以长波辐射放出的热量少一些，大气的这种保温作用称为大气的温室效应。这种大气的保温作用使近地表的气温提高了约18℃。月球则因为没有像地球这样的大气，因而，致使它表面的温度昼夜变化剧烈，白天表面温度可达127℃，夜间可降至 −183℃。

地面和大气之间以长波辐射的方式进行着热量的交换，大气对地面起着保温作用。这种作用可用地面有效辐射（F_0）表示：

$$F_0 = F_g - \delta E_A$$

地面有效辐射就是地面辐射和地面所吸收的大气逆辐射（δE_A）之间的差值。通常，地面温度高于大气温度，所以，地面辐射要比大气逆辐射强。

地面有效辐射的强弱随地面温度、空气温度、空气湿度及云况而变化。

（1）根据辐射强度的关系，地面温度增高时，地面辐射增强，如其他条件（温度、云况等）不变，则地面有效辐射增大。

（2）空气温度高时，大气逆辐射增强，如其他条件不变，则地面有效辐射减小。

（3）空气中含有水汽和水汽凝结物较多，则因水汽放射长波辐射的能力比较强，使大气逆辐射增强，从而也使地面有效辐射减弱。

（4）天空中有云，特别是有浓密的低云存在，大气逆辐射更强，使地面有效辐射减弱得更多。所以，有云的夜晚通常要比无云的夜晚暖和一些。

云被的这种作用，我们也称之为云被的保温效应。

"罪魁祸首"是人类

从有人类活动以来，人类就开始影响气候。随着人类社会经济的发展，人类影响气候的规模和深度也不断发展。自工业革命以来，人类向大气中排入的二氧化碳等吸热性强的温室气体逐年增加，大气的温室效应也随之增强，已导致全球气候变暖等一系列严重问题，引起了全世界各国的关注。

1. 温室气体的排放

1980 年全球二氧化碳排放量约为 50 亿吨，之后持续增加，到 2004 年已超过 73 亿吨。除发展中国家人口增加和经济增长外，越来越多的国家为维持一定规模的经济产值而加大了温室气体排放量。

工业废气排放

世界权威机构公布的一项研究也显示，2000～2004 年期间，全球二氧化碳排放量每年增加 3.2%，大幅超过了 1990～1999 年年均 1.1% 的增长率。

日本的《自然科学》杂志网络版在 2009 年 11 月刊载了日本国立环境研究所全球碳项目国际研究室发表的一份报告。这个报告指出了 2008 年人类活动引起的二氧化碳排放量比 2007 年增加了 2%，平均每个人排放量达到 1.3 吨，创下了历史的新纪录。

这份报告中称来自能源的二氧化碳排放量比 1990 年增加 41%，接近政府间气候变化专门委员会做出的最坏预测。

每年排放的二氧化碳中，残存于大气中的比例平均为 45%，其余的被森林等吸收。但研究发现在过去 50 年中，大气中的二氧化碳产存量有所增加，原因可能是受二氧化碳排放量增加及全球变暖的影响，森林等的吸收量有所减少。联合国环境规划署在 2007 年指出，全球每年因泥炭地遭破坏而产生的二氧化碳排放量超过 30 亿吨，相当于燃烧化石燃料所排放的二氧化碳总量的 10%，因此，保护泥炭地是减缓气候变化效果最显著的方式之一。

在 2009 年 6 月美国政府发表了预测，预测表示 2005～2030 年间，世界二氧化碳排放量将上涨超过 50%，达到每年 420 多亿吨。研究组警告说："二氧化碳排放量的增加速度已超过政府间气候变化专门委员会的预测，将进一步对全球气候产生巨大影响。"

甲烷的排放，除了来自大自然，如海洋、永冻层和一些湿地外，也来自人为的污染。人为所产生的甲烷是其中一个最大的排放源，尤其是来自生质燃烧（意指在开垦土地或改变土地用途时燃烧土地上的草木）和畜牧业。能源产业所排放的甲烷，包括煤矿业、炼油业、管路

燃烧产生甲烷

渗漏等，都能透过技术的改进使其降至最低。但正如最近加州大学柏克莱分校"全球环境健康"教授寇克·史密斯博士所言，畜牧业才是最严重的人为甲烷排放源。他说："我们所有吃肉的人，还有我必须指出，包括那些喝牛奶的人，都难辞其咎。"但值得庆幸的是，我们每个人现在都能善尽一份心力，借由减少吃肉和奶制品来降低甲烷在大气中的含量。针对这点，史密斯教授直言不讳地证实道："即刻见效的方法就是少吃肉。"

氟的污染源多与人类经济活动的"三废"排放有关：

（1）废气排放污染。氟易挥发。金属冶炼、水力发电、建筑材料与陶瓷的焙制，含氟药物生产等含氟原料与燃料都会在燃烧和加热过程中，释放氟及氟化物并随蒸汽、烟尘进入大气。据估算，生产 1 吨水泥，就有 142

克氟化氢、氟化硅和包裹在烟尘和粉尘中的"尘氟"进入大气环境。

（2）原料废渣堆放污染。许多物质中都不同程度含有氟，如工业矿石（萤石、电气石、矿渣、泥质岩等）。氟露天堆放，除小部分经挥发进入大气外，主要是经雨水淋溶下渗，直接污染土壤和水源。

（3）废水污染。含氟废水未经处理而又不合理排放，造成地表水地下水体的污染。含氟废气、烟尘等也能通过雨雪降落地面而污染土壤与水源。

盲目开采高氟地下水或成井工艺不佳，也可造成低氟地下水受到氟污染。新疆北部地区有的垦区就是因开采高氟的深层承压水灌溉，提高了土壤及浅层地下水的氟含量，因而污染了地下水的自然环境。

随着科学技术的发展，防治氟污染的研究领域更加广阔。一般而言，①认真贯彻执行《环境保护法》、《工业"三废"排放标准》及有关规定；②合理规划与调整工业结构和工业布局；③淘汰一些氟污染严重的小土工业、改进生产工艺，不使用高氟原材料，安装高效除尘脱氟装置（如采用喷淋吸收法，用水溶液吸收氟气以及用石灰乳中和氟化物等）；④在地下矿产资源和水资源开发利用之前，做好前期论证工作，制订出有效的措施，切实保护好生态环境。

你想过吗？基础设施建设也能对气候的变化产生影响。公共电力、电信、卫生设施、排污管网、城市污水处理厂、垃圾处理、管道煤气、公路、大坝、灌溉工程、铁路、城市交通、机场等都属于基础设施。

发达国家的基础设施体系已相对完善，维护这些设施，对能源和原材料的需求非常有限，因而不会对气候产生很大影响。而我国正在建立基础设施体系，需要消费大量能源与高能耗、高碳密度原材料，包括钢材、水泥等。一旦基础设施建好了，就能提高物流效率和利用效率，减少能源损失浪费。例如，当天然气管网体系建立起来后，不但输送与分配效率增高、成本降低，而且可以替代电力、煤炭等燃料。又例如，高速公路的建成可以大大提高物流效率。

由此可见，基础设施建设与能源消费有很大关系。虽然建设过程中会增加能源消费与碳排放，但建设好以后就会大大减少能源消耗。

2. 汽车污染

交通系统消耗了全球约 1/3 的能源。以石油产品为燃料的汽车是最主要的现代交通运输工具，它给人们带来方便和快捷的同时，也带来了无法回避的环境问题。根据 20 世纪七八十年代美国、日本对城市空气污染源的调查发现，城市空气中 90% 以上的一氧化碳、60% 以上的碳氢化合物和 30% 以上的氮氧化物来自汽车排放。这些污浊的气体使人类的生存环境受到极大威胁。汽车污染已成为世界性公害，其对于温室气体浓度增加的"贡献"不容忽视。

汽车的内燃机实际上是一座小型化工厂，消耗大量石油资源。汽油燃爆后产生驱车动力，同时也产生了许多复杂的化学反应，排放出大量温室气体，加剧了温室效应。

汽车每燃烧 1 千克汽油就会排出 3.08 千克的二氧化碳。当二氧化碳含量升高时，会增强大气对太阳光中红外线辐射的吸收，阻止地球表面的热量向外散发，使地球表面的平均气温上升。这就是所谓的温室效应。

汽车排放造成的大气污染还会破坏臭氧层，而臭氧损耗与气候变化通过某些过程相互联系。一些专家认为，臭氧层的破坏造成太阳辐射过强，也会导致高温天气。

汽车尾气排放

此外，汽油燃烧释放出的二氧化硫和氮氧化物在大气中分别转化成硫酸和硝酸，导致酸雨。酸雨不仅增加土壤酸度、破坏生态系统的平衡，而且还腐蚀建筑材料、金属构件和油漆等等，使建筑物、公路以及名胜古迹遭受损害。欧洲经济委员会的报告书称，因酸雨危害造成的经济损失额相当于全世界每人损失 2～10 美元。

大气环境是人类赖以生存的可贵资源，因此，减少温室气体排放、防止全球气候变暖是世界各国共同关注的问题。因此，各国不断颁布日益严格的汽车排放法规，提高汽车废气的排放标准。

3. 高空的污染

经常乘坐飞机的人或许不知道，这种交通工具在为人们带来便利的同时，也给地球造成严重的伤害。长期以来，科学家们一直认为燃烧煤和天然气时产生的温室气体是造成气候变暖的元凶。英国约克大学斯托格尔摩研究所近日发表的一项研究报告指出，航空业是导致气候变暖的又一罪魁祸首。他们预测，到 2050 年，全球气候变化中有高达 15% 的成分是由航空旅行造成的。

飞机越来越多，高空废气剧增。这些废气污染了环境，加速了地球的变暖，破坏了臭氧层。飞机每年要在大气层中排放大约 3 亿吨温室气体，造成的温室效应大约是地面等量废气的 3 倍。英国"地球之友"组织的统计数据也显示，一架大型喷气式客机在欧洲和美国之间往返一趟所排放的二氧化碳相当于一辆汽车全年的废气排放量。

过去，人们曾经认为，只有超音速飞机才会对环境有影响。然而据英国地球资源研究所的报告说，普通飞机排出的废气，如二氧化碳，也会严重污染大气层。这种气体不但会加强温室效应，而且还会加快臭氧层的减少。飞机发动机所产生的水汽在高空冻结，从而使高空卷云增加。这种卷云量增加 2%，地球温度将上升 1℃。

飞机排放废气

飞机发动机喷出的烟雾和汽车排出的废气含有同类的有害气体，主要是二氧化碳和氧化氮。由于高空空气稀薄，它的效应扩大了许多倍。飞机喷出的氧化氮在臭氧层中游曳，在那里固定住热量，产生温室效应。越接近地面这些气体越可能被雨水冲散在空气中，但飞机一般在云层以上飞行，喷发出的废气飘浮在大气层中。科学家估计，飞机喷出的废气对地球表面变暖的影响可能占40%～50%。

英国的一项研究表明，当飞机飞行到北纬45度时，它所释放的氧化氮有可能使低空对流层臭氧的密度从1%增加到15%。法国和德国科学家在格陵兰和巴塔戈尼亚之间的1万米高空进行测试表明，高空中氮气和臭氧的密度比以前大50倍。德国一个研究小组证实，新一代超音速运输机会对北半球的臭氧层产生极大破坏。高空的臭氧层是人类和生物的保护伞，而低空中臭氧密度增大，则是有害的。德国上空飞机每年平均要烧掉280万吨燃料，同时向大气层排放9万多吨有害物质。

英国牛津郡哈维尔实验室的科学家用电脑模拟试验，通过对比得出结论：飞机排放的废气氧化氮对全球变暖的作用，是地面上汽车、工厂和家庭排放氧化氮的30倍。而且高空对流层的臭氧具有腐蚀性和毒性，飞机废气的增加，对人畜和植物都有极大的危害。有报道说，大气层中的污染物还会对飞机造成损坏。飞机外壳目前所受到的损坏是前所未有的。飞机窗户板过去能用5年，现在几个月就不行了。飞机外层漆受损情况也很严重，一些飞机不得不重新上漆。为更换窗户板，某航空公司一年就需增加投资300多万马克。专家们认为，飞机受损是污染物同漆和塑料窗户板中的丙烯醛基发生化学反应造成的。经分析，污染物中有硫化物和有机物质等。

瑞典已开始增收"天空税"，理由是飞机释放的废气增加了大气的污染。这种措施可产生重大效益。瑞典最大的一家国内航空公司林吉弗华公司立即开动脑筋，革新了自己的飞机发动机，使其释放出的碳氢化合物减少了90%，并在飞机、机场、候机大楼里改进抗污染设施。瑞典专家估计，到21世纪末端典天空将因此减少500～1000吨的二氧化碳，约占排放总量的10%～20%。瑞典是世界上第一个征收此项环境税的国家，还有些国家也拟采取类似措施。

科学家们还发现，考察臭氧层的航天飞机也在破坏臭气层。航天飞机助推火箭加速器使用的固体燃料中的关键物质，就是破坏臭氧层的过氯酸铵。无论是美国国家航空航天局的航天飞机，还是国防部的"大力神—4"运载火箭，都是借助这种燃料的加速器进入轨道的。

面对飞机对臭氧层的破坏，科学家认为：一要禁止用氯氟烃作飞机燃料，因为它比一般航空燃料对臭氧层具有更大的破坏作用。二是对超音速飞机的研制采取谨慎的态度，如1971年，美国波音公司准备生产220架超音速飞机，希望得到政府投资，但政府有关部门提出了高空飞行对臭氧层有破坏性影响，从而否决了波音公司的提案，致使美国至今未生产过一架超音速旅客机。

冲刷水是航天发射中又一污染源。用水来冲刷反射坑中助推火箭排出的高浓度酸性蒸汽，散落到地面，各种生物均遭殃。氧化铝以微尘形式出现，但在空气中最后会有相当部分转化为氯化铝，对人畜健康带来危害。

航天器发射带来的主要影响是破坏臭氧层。根据精确计算，每次发射航天器时，都会在臭氧层内散布6万千克的氯化氢和将近11万千克的氧化铝。当氯化氢遇到游离在自然界中的氢氧基时，会产生自由氯原子，这是破坏臭氧层的媒介。而氧化铝也是破坏大气臭氧层的帮凶。氧化铝粒子是很好的冰晶晶核，它的形成厚度大于几百英尺（1英尺=30.48米），漂浮在20多千米高的空中，它将化合物聚集一起，并引进一个释放氯的反应中去。假如没有冰晶的存在，起分解臭氧作用的氯原子，实际上如同处于被封闭在无害的"容器"中一样。这是美国大气化学家发现的。

高空中的污染已成为我们所面临的又一环境问题。

4. 人类对森林的毁坏

造成温室效应，使得空气中二氧化碳过度增加的原因是人口急剧增加、工业迅速增长，再有就是森林过度砍伐。森林砍伐断送了人类的氧气仓库，森林能吸收二氧化碳并通过光合作用呼出氧气，人类无休止地砍伐森林，结果是搬起石头砸自己的脚。

人类活动和大自然还排放其他温室气体，它们是氯氟烃（CFC）、甲烷、低空臭氧和氮氧化物气体。地球上可以吸收大量二氧化碳的是海洋中的浮游生物和陆地上的森林，尤其是热带雨林。

雨林是地球上巨大的有机碳库，原始森林和森林里的土壤都是巨大的碳存储地。它们共存有 3000 亿吨的碳——是每年通过燃烧化石燃料和生产水泥所释放到大气中的碳的 25 倍。每年森林和海洋要吸收 48 亿吨二氧化碳，固碳能力是全球森林系统的 2/3，相当于由森林破坏而造成的温室气体排放占到了总排放量的近 1/5。

亚马孙雨林

今天在地球上广大的地区，特别是南美洲的亚马孙河流域仍然覆盖着一望无际的大片热带雨林。但是和 8000 年前相比，全球森林的面积足足减少了 80%。就是说每 2 秒钟，就有一片足球场大小的森林从地球上消失。很多地方的热带雨林变成了小块片段甚至消失殆尽。

1492 年 10 月 28 日，哥伦布第一次对热带雨林进行记录和描述，他将西印度群岛的热带雨林称为"茂密的丛林"和"伊甸园"。

在历史上，热带雨林有 2450 万平方千米的面积，主要位于南北回归线内。1900 年以来，特别是第二次世界大战后雨林减少的速度在加剧，现已失去 59% 以上的原有雨林，幸存面积为 1001 万平方千米，覆盖了陆地总面积的 6% ~ 7%，主要存在于 3 个区域（美洲、非洲、亚洲），其中最大的一块为美洲的亚马孙雨林，还有两块比较大的区域是非洲的刚果雨林和亚太地区的天堂雨林。

全球热带雨林以 120425 平方千米/年的速度在减少。这相当于 1 个尼泊尔的面积。在过去的 20 年间，仅亚马孙雨林就以 29000 平方千米/年的速度减少。按照这样的趋势，地球上的热带雨林再过几十年就会消失。雨林面积减少的同时，破碎化趋势十分明显，其特征是森林变得条块分割、没有连贯性，尤其在亚洲雨林区，如印度尼西亚、马来西亚、菲律宾的雨林已经变得支离破碎。破碎后的森林像海洋中的一个个"岛屿"，被周围的农用地或经济种植园所隔离，使其内物种基因得不到有效交流，进而大大降低了保护的有效性。

除了气候对雨林造成的影响之外，人类的行为也对雨林产生着影响。当人类在吃汉堡和喝咖啡的时候，会想到这样的行为和雨林的消失有什么关系吗？如果答案是吃快餐会毁掉亚马孙森林，你会大吃一惊吗？然而事实正是这样的。

雨林消失很大程度上是人类活动引起的。非法砍伐，焚烧改成农牧场，以及伐木做成各种家具原料，同时因为开路或盖水力发电厂等建设，往往也砍掉大面积的雨林。

最可惜的是许多雨林被烧掉改成牧场，只是为了养牛做成汉堡肉，偏偏雨林砍掉后的牧草 1 公顷平均养不了 1 头牛，这个牧场就会废掉，之后农人会再焚烧新的雨林。可是，被废弃的牧场要恢复成原先的热带雨林，估计要 400 年以上的时间。

有的地方砍掉雨林，种上咖啡或者橡胶等人工林，同样给雨林造成了严重破坏。这些情况在世界三大雨林——亚马孙雨林、刚果雨林和天堂雨林和我国的西双版纳雨林都有不同程度的发生。

亚马孙雨林是地球上最大的热带雨林，其面积相当于美国的国土面积。它的主要部分在巴西境内，是世界最大的热带雨林区，森林面积为 3 亿公顷，占世界现存热带雨林的 1/3，其中 87% 在巴西境内。

然而，毫无节制的开发已对当地的自然环境造成极大破坏。

巴西境内生产的 80% 的木材都来源于非法采伐。近年来，巴西的企业和农场主因为受大豆出口利益的驱使而将大面积的热带雨林焚烧开垦为农田，更加速了对亚马孙雨林的破坏。大豆是巴西在亚马孙的一种主要的作物，就像附近的疏林草地生态系统。如今大豆的发展非常迅速非常快，1998~2007 年，巴西增加了 3000 万亩（1 亩 ≈ 666. 67 平方米）的大豆种植面积，美国的公司也在积极扩大它们与巴西农业部门的联系，巴西将会取代美国成为世界上最大的大豆出口国，不惜牺牲亚马孙流域的森林资源。

用雨林的土地去种植农业证明是失败的，因为这些森林的酸性土壤营养不足。但是，仍然有许多的经济型农业项目在雨林土地上种植，这些土地在耗竭之后会转变成养牛牧场。

1996~2006年，巴西亚马孙热带雨林约有80%遭到砍伐变成牧牛场。一项名为《亚马孙的牛蹄印——马托格罗索州的毁灭》的报告证实了牧牛业是导致世界最大雨林遭砍伐的首要原因。环保组织在报告中称巴西是世界第四大气候污染国。报告称森林滥伐和土地利用变迁已占巴西全国温室气体排放的75%。其中有59%的温室气体排放来自森林覆盖减少和亚马孙地区的烧毁森林行为。

巴西是世界上最大的牛肉出口国。马托格罗索州的亚马孙区域拥有该国最大的牛群，同时自1988年以来其森林平均砍伐率也最高。仅在过去的10年内就有面积相当于冰岛国土的1000多万公顷被开垦为牧牛场。巴西政府的目标是通过低息贷款，扩大基础建设和其他经济刺激手段，将本国牛肉出口市场份额截至2018年翻一番，增幅为60%。

根据巴西国家地理统计局的数据显示，亚马孙地区每年遭到破坏的雨林面积达2.3万平方千米。在过去30年中，这一世界上最大的雨林区的1/6已遭到严重破坏。巴西的森林面积同400年前相比，整整减少了1/2。

滥伐亚马孙的森林，并没有给巴西人带来更多的财富。他们只是填饱了肚子，带来的却是对大自然永远的创伤和难以弥补的伤害。森林的过度砍伐使得土壤侵蚀、土质沙化，水土流失严重。巴西东北部帕拉州、阿玛帕州的一些地区由于林木被砍伐，生态被破坏，而变成了巴西最干旱、最贫穷的地方。

对此，巴西政府愈来愈清醒地认识到问题的严重性，先后制定了多项环保政策，采取多种措施加强对林区环境的保护与监测。1991~2002年，政府为保护亚马孙地区生态和自然资源，累计投资近1000亿美元。

企业方面，快餐巨无霸麦当劳也就保护亚马孙森林行动作出承诺：停止出售由特定来源的大豆喂养的鸡类食品，此类大豆的大面积种植，给亚马孙森林带来了严重破坏。

森林破坏不可逆转地把森林储存的碳以二氧化碳的形式释放到大气中。

受破坏的雨林

森林破坏造成的温室气体排放，占排放总量的20%，已经超过了全球交通系统所造成的排放。全球森林破坏导致了世界1/5的二氧化碳排放，而停止森林破坏是人类应对温室效应最便宜便捷的方式之一。

亚马孙——这片世界上最大的热带雨林，上苍赐予人类赖以生存的宝藏。她是美丽的，而如何保存她动人的光彩，则是留给人们的永恒思考。

碳粒粉尘之新说

自1975年以来，地球表面的平均温度已经上升了$0.9°F$［华氏度（$°F$）＝摄氏度（$°C$）×1.8＋32］，由温室效应导致的全球变暖已成为引起世人关注的焦点问题。学术界一直被公认的学说认为由于燃烧煤、石油、天然气等产生的二氧化碳是导致全球变暖的罪魁祸首。然而经过几十年的观察研究，来自美国空间研究所的詹姆斯·汉森博士提出新观点，他认为温室气体主要不是二氧化碳，而是碳粒粉尘等物质。

碳粒粉尘是一种固体颗粒状物质，主要是由于燃烧煤和柴油等高碳量的燃料时碳利用率太低而造成的，它不仅浪费资源，更引起了环境的污染。众多的碳粒聚集在对流层中导致了云的堆积，而云的堆积便是温室效应的开始，因为40%～90%的地面热量来自由云层所产生的大气逆辐射，云层越厚，热量越是不能向外扩散，地球也就越裹越热了。

汉森博士对于各种温室气体的含量变化都做了整理记录，发现在1950～1970年，二氧化碳的含量增长了近2倍，而从20世纪70年代到90年代后期，二氧化碳含量则有所减少。用目前流行的理论很难解释仍在恶化的全球变暖的现象。

汉森博士认为，除了碳粒粉尘以外，还有一些气体物质能导致温室效应，如对流层中的臭氧（正常的臭氧应集中在平流层中）、甲烷，还有巨毒无比的氯氟烃。但这些污染源的治理就相对困难些了。可喜的是，近几十年来非二氧化碳的温室气体含量已经有了一定的减少，如若甲烷和对流层中的臭氧含量也能逐年减少趋势，那么再过50年，地球表面平均温度的变化将近乎零。

碳粒粉尘并不是不可避免的东西，随着内燃机性能的不断提高，甚或不使用内燃机的交通工具的问世，不能烧尽而剩余的碳粒是可以减少的。汉森博士的学说能够成立，则给地球带来了降温的新希望，但愿地球早日"退烧"。

与温室效应有关的气体

人类近代历史上的温室效应，与过去相比特别的显著，全球暖化即适用于形容现在的异常情形。之所以如此，是由于工业革命以来，人类燃烧化石燃料而使二氧化碳含量急剧增加，近10年来增加将近30%。

然而，许多人还不曾知道，在加剧地球温室效应方面，二氧化碳还有一支由许多气体组成的强大同盟军，它们正以极快的速度在大气中积累，并在加剧温室效应的步伐，从而加快了对地球气候的影响。

这支队伍是由甲烷、氯氟烃、氧化亚氮、三氯乙烷、四氯化碳等种气体组成的。由于它们在大气中的浓度很低，故这类气体又被称为"微量气体"。尽管它们的量是如此微小，但在加剧温室效应方面所起的作用却是不可低估的。

温室气体的增加，加强了温室效应，是造成全球暖化的主要原因，已成为世界各国家的共识，也是一种全球性的污染。

二氧化碳

二氧化碳在常温常压下为无色而略带刺鼻气味和微酸味的气体。分子式为 CO_2。

17世纪初，比利时化学家范·海尔蒙特在检测木炭燃烧和发酵过程的副产气时，发现二氧化碳。1773年，拉瓦锡把碳放在氧气中加热，得到被他称为"碳酸"的二氧化碳气体，测出质量组成为碳23.5%～28.9%，氧71.1%～76.5%。1823年，迈克尔·法拉第发现，加压可以使二氧化碳气体液化。1835年，制得固态二氧化碳（干冰）。1884年，在德国建成第一家生产液态二氧化碳的工厂。

在自然界中二氧化碳含量丰富，为大气组成的一部分。二氧化碳也包含在某些天然气或油田伴生气中以及碳酸盐形成的矿石中。大气里含二氧化碳为0.03%～0.04%（体积比），总量约2.75×10^{12}吨，主要由含碳物质燃烧和动物的新陈代谢产生。在国民经济各部门，二氧化碳有着十分广泛的用途。二氧化碳产品主要是从合成氨制氢气过程气、发酵气、石灰窑气、酸中和气、乙烯氧化副反应气和烟道气等气体中提取和回收。目前，商用产品的纯度不低于99%（体积）。

二氧化碳可以防止地表热量辐射到太空中，具有调节地球气温的功能。如果没有二氧化碳，地球的年平均气温会比目前降低20℃。但是，二氧化碳含量过高，就会使地球温度逐步升高，形成"温室效应"。

人每天都要通过吸进氧气、呼出二氧化碳来维持生命。同时，二氧化碳也是地球上一切绿色生物赖以生存的物质之一。

大气中的二氧化碳就像一层厚厚的玻璃，使地球变成了一个大暖房。据估计，如果没有大气，地表平均温度就会下降到-23℃，而实际地表平均温度为15℃，这就是说温室效应使地表温度提高38℃。

空气中含有二氧化碳，而且在过去很长一段时期中，含量基本上保持恒定。这是由于大气中的二氧化碳始终处于"边增长、边消耗"的动态平衡状态。大气中的二氧化碳有80%来自人和动、植物的呼吸，20%来自燃料的燃烧。散布在大气中的二氧化碳有75%被海洋、湖泊、河流等地面的水及空中降水吸收溶解于水中。还有5%的二氧化碳通过植物光合作用，转化为有机物质贮藏起来。这就是多年来二氧化碳占空气成分的0.03%（体积分数）而始终保持不变的原因。

在空气中，氮和氧所占的比例是最高的，它们都可以透过可见光与红外辐射。但是二氧化碳就不行，它不能透过红外辐射。所以，二氧化碳可以防止地表热量辐射到太空中，具有调节地球气温的功能。如果没有二氧化碳，地球的年平均气温会比目前降低20℃。但是，二氧化碳含量过高，就会使地球仿佛捂在一口锅里，温度逐渐升高，就形成"温室效应"。形成温室效应的气体，除二氧化碳外，还有其他气体。其中

人类释放的二氧化碳

二氧化碳约占75%、氯氟代烷占15%～20%，此外还有甲烷、一氧化氮等30多种。

全世界二氧化碳排放的总量已超过200亿吨，其中汽车的排放量约占10%～15%。

如果二氧化碳含量比现在增加1倍，全球气温将升高3℃～5℃，两极地区可能升高10℃，气候将明显变暖。气温升高，将导致某些地区雨量增加，某些地区出现干旱，飓风力量增强，出现频率也将提高，自然灾害加剧。更令人担忧的是，由于气温升高，将使两极地区冰川融化、海平面升高，许多沿海城市、岛屿或低洼地区将面临海水上涨的威胁，甚至被海水吞没。20世纪60年代末，非洲下撒哈拉牧区曾发生持续6年的干旱。由于缺少粮食和牧草，牲畜被宰杀，饥饿致死者超过150万人。

因此，必须有效地控制二氧化碳含量增加，控制人口增长，科学使用燃料，加强植树造林，绿化大地，防止温室效应给全球带来巨大灾难。

科学家预测，今后大气中二氧化碳每增加1倍，全球平均气温将上升1.5℃～4.5℃，而两极地区的气温升幅要比平均值高3倍左右。因此，气温升高不可避免地使极地冰层部分融解，引起海平面上升。海平面上升对人类社会的影响是十分严重的。如果海平面升高1米，直接受影响的土地约5×10^{6}平方千米，人口约10亿，耕地约占世界耕地总量的1/3。如果考虑到特大风暴潮和盐水侵入，沿海海拔5米以下地区都将受到影响，这些地区的

人口和粮食产量约占世界的1/2。一部分沿海城市可能要迁入内地，大部分沿海平原将发生盐渍化或沼泽化，不适于粮食生产。同时，对江河中下游地带也将造成灾害。当海水入侵后，会造成江水水位抬高，泥沙淤积加速，洪水威胁加剧，使江河下游的环境急剧恶化。温室效应和全球气候变暖已经引起世界各国的普遍关注，目前正在推进制订国际气候变化公约，减少二氧化碳的排放已经成为大势所趋。

科学家预测，如果我们现在开始有节制地对树木进行采伐，到2050年，全球暖化会降低5%。

二氧化碳在新鲜空气中含量约为0.03%。人生活在这个空间，不会受到危害，如果室内聚集着很多人，而且空气不流通，或者室内有煤气、液化石油气及煤火炉燃烧，使空气中氧气含量相对减少，产生大量二氧化碳，室内人员就会出现不同程度的中毒症状。关于二氧化碳在室内空气中最大允许含量，各国尚无统一规定，日本规定室内空气中二氧化碳含量为0.15%时为换气标准。

1. 二氧化碳浓度和温度

自从1958年开始对大气进行测量以来，2007年全球大气中二氧化碳和甲烷浓度急剧升高，其中二氧化碳浓度创下第三次新高。

2005年的一项研究也表明，空气中的二氧化碳浓度已经达到了65万年的最高纪录。这一项研究结果有助于科学家更进一步认识温室气体导致全球变暖的观点。2005年科学家们直接测量空气中的二氧化碳和其他温室气体，其结果是：空气中的二氧化碳浓度已由2个世纪前的280毫克/千克上升到今天的380毫克/千克。而近几十年，地球的平均温度上升了1℉。许多科学家对此提出警告，称气候持续变暖可能会带来一些严重后果，比如海平面上升、降雨模式改变。

一个欧洲研究小组在分析了南极冰川内保存数万年的小气泡后指出，人类活动正导致温室气体数量急剧增加。

俄勒冈州立大学的地理学家认为，这一项重大发现有望极大提升人们对气候变化的认识。

有些人怀疑温室气体的增加只是一种自然的周期性波动。但这一项新的研究对这一说法提供了最有力的驳斥。

南极冰雪深处含有一些微小气泡，这是在几十万年前的降雪时形成的。科学家们提取这些空气就等于可以直接对过去的空气进行测量，从而确定空气自然波动的范围。

以前从冰核样本提取的最久远的空气是44万年前的。这次的样本更早，来自65万年前。研究小组的首席科学家、瑞典波尔尼大学的教授说，今天空气中的二氧化碳水平比过去几百万年中的最高值还要高出27%。"目前的水平已经超出了波动范围值。不仅如此，其上升的速度也比历史上任何一个时间要快"。

研究人员还对南极过去8个冰期和暖期的气体水平进行了比较。他们发现了一个比较稳定的模式，即气体水平在冰期较低，在暖期则相对高一些。

专家指出，"退一步说，我们现在还找不到与目前气体水平相同的一段时期。但这些研究告诉我们，气温与温室气体之间紧密相连。可以推断，我们该考虑考虑未来的气候变化了。"

相关专家表示获取越长历史时期的温室气体浓度数据越有利于气候专家建立更优的模型，从而更好地预测未来气候的变化情况。同时可以帮助回答其他一些问题，如人类何时开始影响温室气体的增加，以及其他一些因素如洋流在气候变化中起什么样的作用等等。

全球大气中二氧化碳浓度是全球气候变化的主要驱动因素，根据联合国海洋与大气委员会2008年4月底发布的报告称，2007年全球大气中二氧化碳的浓度增高了0.6%，总量达到190亿吨。另外，在近10年保持基本稳定后，2007年大气中甲烷的浓度也大幅升高，总量增加了2700万吨。甲烷的温室效应比二氧化碳高出25倍之多，对气候总的影响为二氧化碳的近1/2。联合国海洋与大气委员会发布的这些数据是在跟踪监测世界上60个主要国家和地区大气变化的基础上得出的。

近几十年来，随着化石燃料的大量使用，大气中二氧化碳平均浓度的上升速率不断加快，自2000年起年均增长2克/立方米以上，而20世纪80年代年均增长率为1.5克/立方米，20世纪60年代年均增长率更是小于

23

1 克/立方米。

森林吸收人类制造的二氧化碳的能力正在下降。这意味着人类释放的二氧化碳会更多地对气候造成影响，而不是安全地被锁定在树木或土壤中。

联合国政府间气候变化问题研究小组已经得出结论，人类还有 8 年时间来避免全球变暖出现最恶劣的后果。

研究人员对分布在西伯利亚、阿拉斯加、加拿大和欧洲等北方地区的 30 多个监测点的数据进行了分析。这些数据最早的可追溯到 1980 年，记录了当地大气中的二氧化碳浓度：植物一方面在光合作用中吸收二氧化碳，同时植物和微生物又在呼吸作用中释放二氧化碳，这项数据是两方面综合作用后的结果。

研究人员特别关注了秋季森林对二氧化碳从净吸收变为净释放的日期。这个日期并没有像他们所预计的那样推后，却变得更早了——有些地点提前了几天，有些地点竟然提前了数周。赫尔辛基大学的学者说："这意味着可能出现更大的变暖效应。"

甲　烷

甲烷，最简单的烃（碳氢化合物），化学式为 CH_4。在标准状态下是一无色气体。主要来源为天然湿地（沼泽、苔原等）、水稻田、反刍动物、煤炭开采、海洋湖泊和其他生物活动场所、CH_4 水合物的失稳分解等。吸收红外线辐射，影响对流层中 O_3 及 OH 的浓度，影响平流层中 O_3 和 H_2O 的浓度，产生 CO_2。

甲烷是天然气的主要成分，约占了 87%。在标准压力的室温环境中，甲烷无色、无味；家用天然气的特殊味道，是为了安全而添加的人工气味，通常是使用甲硫醇或乙硫醇。在 1 大气压力的环境中，甲烷的沸点是 −161℃。空气中的瓦斯含量只要超过 5%～15% 就十分易燃。液化的甲烷不会燃烧，除非在高压的环境中（通常是 4～5 大气压力）。中国国家标准规定，甲烷气瓶为棕色，白字。甲烷并非毒气，然而，其具有高度的易燃性，和空气混合时也可能造成爆炸。甲烷和氧化剂、卤素或部分含卤素的化合物接触会有极为猛烈的反应。甲烷同时也是一种窒息剂，在密闭空间内可能会取代氧气。若氧气被甲烷取代后含量低于 19.5% 时可能导致窒息。当有建筑物位于垃圾掩埋场附近时，甲烷可能会渗透入建筑物内部，让建物内的居民暴露在高含量的甲烷之中。某些建筑物在地下室设有特别的回复系统，会主动捕捉甲烷，并将之排出至建筑物外。

甲烷是在缺氧环境中由产甲烷细菌或生物体腐败产生的，沼泽地每年会产生 150Tg、消耗 50Tg，稻田产生 100Tg、消耗 50Tg，牛羊等牲畜消化系统的发酵过程产生 100 ~ 150Tg，生物体腐败产生 10 ~ 100Tg，合计每年大气层中的甲烷含量会净增 350Tg 左右。它在大气中存在的平均寿命在 8 年左右，可以通过下面的化学反应：$CH_4 + OH \rightarrow CH_3 + H_2O$ 消耗掉，而用于此反应的氢氧根（OH–）的重量每年就达到 500Tg。

甲烷在自然界分布很广，是天然气、沼气、油田气及煤矿坑道气的主要成分。它可用作燃料及制造氢气、碳黑、一氧化碳、乙炔、氢氰酸及甲醛等物质的原料。

甲烷是很有意思的温室气体。许多人可能没听过，然而它竟是使人类造成气候变迁的第二大温室气体。大家可能都听过二氧化碳，而甲烷是影响强大且在短期内就举足轻重的。德国核物理研究所的科学家经过试验发现，植物和落叶都产生甲烷，而生成量随着温度和日照的增强而增加。另外，植物产生的甲烷是腐烂植物的 10 ~ 100 倍。他们经过估算认为，植物每年产生的甲烷占到世界甲烷生成量的 10% ~ 30%。

甲烷是在创造适合生命存在的条件中，扮演重要角色的有机分子。美国宇航局喷气推进实验室的天文学家，利用绕轨运行的"哈勃"太空望远镜得到了一张 HD 189733b 行星大气的红外线分光镜图谱，并发现了其中的甲烷痕迹，相关发现刊登在 2008 年 3 月 20 日出版的英国《自然》杂志上。

甲烷被认为是仅次于二氧化碳的具温室效应的气体。但迄今为止，人们对大气中甲烷的来源还了解得不十分清楚。只知道动、植物残骸在稻田、沼泽地内的厌氧发酵是它的一个重要来源，所以甲烷的俗称为"沼气"。此外，许多生物诸如白蚁、牛等在进行食物消化时体内亦会大量产生这个气体。近年来，由于人类对粮食需求量日益增加，水稻种植面积不断扩大，也是大气中甲烷浓度增大的主要原因之一。通常，大气中的甲烷与氢氧自由基发生的反应，是销毁它的主要途径。然而，由于人类大量使用化石燃料，燃烧时放出的一氧化碳能迅速与大气中的氢氧自由基反应，抑制这类自由基销毁甲烷的作用，从而导致大气甲烷浓度增加。测量结果表明，甲烷在大气中增长的速率是相当快的（年增长率为1.7%，而二氧化碳仅为0.4%），值得注意的是，虽然目前大气中甲烷的平均浓度只有1.711毫克/千克，仅为大气中二氧化碳浓度的0.5%，但它产生的温室效应却为二氧化碳的1/3。

寇克·史密斯博士认为气候科学家应该多强调甲烷所造成的可怕后果："我们当然必须解决二氧化碳排放的问题，但如果我们想要在未来廿年内扭转气候变迁，则应设法减少留存期较短的温室气体，其中最重要的就是甲烷。"世界各国应该听从这项忠告，将减少甲烷的排放视为第一要务；政府在制定减少温室气体排放的策略时，应将不含动物成分的饮食方式列为首要重点。正如史密斯博士所言："在人为因素所造成的甲烷污染中，牲畜是最大的排放源。"若能立刻减少全球甲烷的排放，也会让我们有更多时间来转换成使用永续能源。

碳氢化合物

由碳和氢两种元素组成的有机化合物称为碳氢化合物，又叫烃。它和氯气、溴蒸汽、氧等反应生成烃的衍生物，不与强酸、强碱、强氧化剂（例如高锰酸钾）反应。如甲烷和氯气在见光条件下反应生成一氯甲烷、二氯甲烷、三氯甲烷和四氯甲烷（四氯化碳）等衍生物。在烃分子中碳原子互相连接，形成碳链或碳环状的分子骨架，一定数目的氢原子连在碳原子上，使每个碳原子保持4价。烃的种类非常多，结构已知的烃在2000种以上。烃是有机化合物的母体，其他各类有机化合物可以看作是烃分子中1个或多个氢原子被其他元素的原子或原子团取代而生成的衍生物。

烃是化学家发明的字，就是用"碳"的声母加上"氢"的韵母合成一个字，用"碳"和"氢"两个字的内部结构组成字型，烃类是所有有机化合物的母体，可以说所有有机化合物都不过是用其他原子取代烃中某些原子的结果。

氯氟碳化合物（CFCs）：目前以 CFC－11、CFC－12、CFC－113 为主。使用于冷气机、电冰箱的冷媒、电子零件清洁剂、发泡剂，是造成温室效应的气体。吸收红外线辐射，影响平流层中 O_3 的浓度。

每年，全世界排放的碳氢化合物总量约为 185830 万吨。其中，甲烷是最大的天然来源，排放量占总排放量的 86%；另一重要天然源，是植物排出的，占总量的 9.15%。这些物质排放量虽大，但由于它分散在广阔的大自然中，并未构成对环境的直接危害。但是，1978～1987 年，在低层大气中，世界范围内的甲烷浓度已上升 11%，这会强化温室效应。

碳氢化合物的人为来源，主要是燃料的不完全燃烧和溶剂的蒸发。美国 1970 年的碳氢化合物排放总量是 3500 万吨。其中，汽车排放量 1670 万吨，占 47.7%；工业企业排放 550 万吨，占 15.7%；有机溶剂的蒸发为 310 万吨，占 8.9%。由此看来，汽车尾气是产生碳氢化合物的主要污染源。

相对而言，许多碳氢化合物比较低毒，只有乙烯对植物直接有害；甲醛和丙烯醛有催泪作用；碳氢化合物常和含氮化合物协同作用，产生光化学雾，从而造成很大危害。

氯氟碳化合物，它们在对流层中也是化学惰性的，但也可在同温层中利用太阳辐射光解掉或和活性碳原子反应消耗掉。

氟

我国新疆东疆某煤矿附近患腰腿关节痛者甚多，并有四肢无力、骨关节功能障碍等症状。北疆某垦区部分团场中学生斑釉齿达 95% 以上，成人中也有相当多的骨关节病症，牲畜中则常见有厌食、牙齿磨损和早期脱落等病患。

祸根在哪里呢？经科技人员深入调查研究才发现，罪魁祸首是"氟"。

氟是自然界中普遍存在的一种微量元素。元素符号：F。元素类型：非金属。

氟属于卤素的在化合物中显 －1 价的非金属元素，通常情况下氟气是一种浅黄绿色的、有强烈助燃性的、刺激性毒气，是已知的最强的氧化剂之一。氟气密度 1.69 克/升，熔点 －219.62℃，沸点 －188.14℃，化合价 －1，氟的电负性最高，电离能为 17.422 电子伏特，是非金属中最活泼的元素，氧化能力很强，能与大多数含氢的化合物如水、氨和除氦、氖外一切无论液态、固态或气态的化学物质起反应。氟气与水的反应很复杂，主要产生氟化氢和氧，以及较少量的过氧化氢、二氟化氧和臭氧，也可在化合物中置换其他非金属元素。可以同所有的非金属和金属元素起猛烈的反应，生成氟化物，并发生燃烧。有极强的腐蚀性和毒性，操作时应特别小心，切勿让它的液体或蒸气与皮肤和眼睛接触。

由于盐酸的成分得到了充分的确证，人们对盐酸基的性质作了全面的研究。1774 年，瑞典化学家舍勒以硫酸分解萤石时发现放出一种与盐酸气很相似的气体，溶于水中得到的酸与盐酸类同，之后以硝酸、盐酸及磷酸代替硫酸和萤石作用，依然得到这种酸，他当时以玻璃仪器进行实验，期间发现仪器内出现硅的化合物沉积物，他认为是新种酸与水作用的释出物，这显然是误解，以现在的化学解释，硅化合物是氢氟酸腐烂玻璃的残余物。

法国化学家拉瓦锡认为这种新种酸和盐酸一样，其中含有氧（19 世纪以前的化学家认为所有酸皆含有氧，故氧元素亦称为酸素），他提出当中是由一个未知的酸基和氧的化合物，1789 年，他把氢氟酸基和盐酸基同是化学元素，它们的性质极为相似，并把它列入他的元素表中。1794 年拉瓦锡因为是路易十六政府的小吏，被法国大革命的群众定性为暴君的同谋而被送上断头台，结束了他的研究生涯。

拉瓦锡死后，法国化学家盖·吕萨克等继续进行提纯氢氟酸的研究，到了 1819 年无水氢氟酸虽然仍未分离，但却阐明了这种酸对玻璃以及硅酸盐的本质。

氟是人和动物身体发育过程不可缺少的微量元素之一。但如果氟含量过剩，又能影响人、动物和植物的正常生长。经查证：新疆某煤矿和垦区人体氟中毒，就是因开采高氟煤层污染环境和开发利用高氟地下水，使饮水氟含量超标几倍甚至十几倍所致。

氯氟烃由一群以托马斯·米基利为首的美国科学家于 1928 年人工合成，用作冷藏器的冷冻剂（雪种），因为过往的冷冻剂（例如氨及二氧化硫）都易燃或有毒。其后，氯氟碳化合物被广泛使用，直至近年科学家意识到氯氟碳化合物的害处为止。

氯氟碳化合物由一个烷烃经卤化反应（自由基取代反应）与氟、氯分子结合而成，而烷烃的氢原子会被氟或氯原子所取代；仍有氢原子未被取代的则称为含氯氟烃（HCFCs）。

由于氯氟碳化合物无味、无易燃性、无毒性、无腐蚀性及相当稳定，所以用途广泛。可以用来做压缩喷雾喷射剂，液态氯氟碳化合物通常被加进喷漆及杀虫剂等压缩喷雾的容器。当使用者使用压缩喷雾时，容器内的压力会降低，导致液态氯氟碳化合物气化，令内里的液体喷射出来。因为氯氟碳化合物能够溶解油脂，故被用作电子零件及金属用品的清洁剂。还可以被用作冷冻剂，氟利昂气化时吸收大量内能，令附近环境变冷，所以成为冷藏器（例如冰箱及空调）的冷冻剂。也可以当做发泡剂，在制造发泡胶的过程中，氯氟碳化合物被混合于塑胶中，成为发泡胶的气泡。另外，氯氟碳化合物也被加进汽油中，防止汽油因低温而凝结。

除了上述这些用途之外，氯氟碳化合物对臭氧层也能起到破坏作用。部分使用后的氯氟碳化合物升到同温层。由于其低活跃性、低生物降解性及不溶于水，氯氟碳化合物很难被分解。氯氟碳化合物在太阳的紫外线照射下会分解出氯气自由基，破坏臭氧。由于此等破坏是连锁反应，故威力相当惊人。据估计，1 个氯原子可以破坏近 10 万个臭氧分子。

由于氯氟碳化合物对臭氧层的破坏日益严重，故多个国家于 1987 年 9 月于加拿大蒙特利尔签署《蒙特利尔议定书》，分阶段限制氯氟碳化合物的使用。由 1996 年 1 月 1 日起，氯氟碳化合物正式被禁止生产。因此，氯氟碳化合物可被碳氢化合物取代，虽然不会破坏臭氧层，但具有一定的易燃性和毒性。

具有间接温室效应的气体

温室气体除了二氧化碳、臭氧、甲烷、碳氢化合物、氯氟碳化合物几种主要气体外，还有一些间接性的温室气体，例如一氧化二氮（N_2O）。

与二氧化碳相比，虽然 N_2O 在大气中的含量很低，但其单分子增温潜势却是二氧化碳的 310 倍；对全球气候的增温效应在未来将越来越显著，

N$_2$O 浓度的增加，已引起科学家的极大关注。目前，对这一问题的研究，正在深入进行。

一氧化二氮，无色有甜味气体，又称笑气，是一种氧化剂，化学式为 N$_2$O，在一定条件下能支持燃烧，但在室温下稳定，有轻微麻醉作用，并能致人发笑，能溶于水、乙醇、乙醚及浓硫酸。其麻醉作用于 1799 年由英国化学家汉弗莱·戴维发现。该气体早期被用于牙科手术的麻醉。需要注意的是，一氧化二氮是一种强大的温室气体，它所能造成的温室效应的效果是二氧化碳的 296 倍。

一氧化二氮的分子是直线型结构。其中一个氮原子与另一个氮原子相连，而第二个氮原子又与氧原子相连。注意不要将一氧化二氮和其他的氮氧化物混淆，比如二氧化氮 NO$_2$ 和一氧化氮 NO。将一氧化二氮与沸腾汽化的碱金属反应可以生成一系列的亚硝酸盐，在高温下，一氧化二氮也可以氧化有机物。

早在 1772 年，汉弗莱·戴维自己和他的朋友，包括诗人柯尔律治和罗伯特·骚塞试验了这种气体。他们发现一氧化二氮能使病人丧失痛觉，而且吸入后仍然可以保持意识，不会神志不清。不久后笑气就被当作麻醉剂使用，尤其在牙医师领域。因为通常牙医师无专职的麻醉师，而诊疗过程中常需要病患保持清醒，并能依命令做出口腔反应，故在此气体给牙医师带来极大的方便。

小心加热硝酸铵可以生成一氧化二氮和水。这个反应需要控制温度于 170℃～240℃之间。快速加热或加热温度过高时，硝酸铵可能会爆炸性分解为氮气、氧气和水，从而造成危险。硝酸铵为农业肥料的成分之一，会慢慢地分解，产生一氧化二氮，从而释放到大气中。

使用氮氧加速系统的改装车辆将一氧化二氮送入发动机，遇热分解成氮气和氧气，提高发动机燃烧率，增加速度。其中氮气有制冷作用，冷却发动机。氧气有助燃作用，加快燃料燃烧。

人可能因为吸入笑气而氧气过少时引起突然的窒息。

一氧化二氮的主要安全隐患在于，它是一种有分解性的麻醉剂，而且通常以加压液化的形式储存。在正常储存时，它是很稳定的，使用起来也很安全。但是如果错误地使用，它会很容易分解而且很有可能爆炸。液态的一氧化二氮是有机物的良好溶剂，不过用它制成溶液有可能会生成一些对外界刺激敏感的爆炸性物质。一部分火箭事故由于一氧化二氮被燃料污染而发生，少量的一氧化二氮和燃料的混合物发生爆炸，随即引起剩余一氧化二氮的爆炸性分解。

一氧化二氮是一种具有温室效应的气体，是《京都议定书》规定的6种温室气体之一。N_2O在大气中的存留时间长，并可输送到平流层，同时，N_2O也是导致臭氧层损耗的物质之一。

在自然条件下，一氧化二氮主要从土壤和海洋中排出。人类在耕作、生产、使用氮肥、生产尼龙，还有燃烧化石燃料和其他有机物的过程中增加了一氧化二氮的排放量。它是一种助燃剂。最初是用在帮助二战时德军飞机迅速逃离战场，现今用于改装汽车上，用于直线加速。

汽车排放氧化氮气

一氧化二氮在大气层中的存在寿命是150年左右，尽管在对流层中是化学惰性的，但是可以利用太阳辐射的光解作用在同温层中将其中的90%分解，剩下的10%可以和活跃的氧原子反应而消耗掉。即使如此，大气层中的N_2O仍以$0.5 \sim 3Tg/$年的速度净增。

氮氧化物，当然也包括一氧化二氮，是一类温室气体。因此，氮氧化物是控制温室气体排放时的主要对象。一氧化二氮本身是排在二氧化碳、甲烷之后的第三大温室气体。

臭　氧

臭氧是大气中的微量气体，是一种具有微腥臭、刺激性、浅蓝色的气体，主要密集在离地面 20~25 千米的平流层内，科学家称之为臭氧层。臭氧层好比是地球的"保护伞"，阻挡了太阳 99% 的紫外线辐射，保护地球上的生灵万物。

臭氧分子式为 O_3，是氧气的同素异形体，在常温下，它是一种有特殊臭味的淡蓝色气体。它是氧元素的一种形式，它的每个分子均含 3 个原子，正常的氧分子则含 2 个原子。臭氧在平流层通过一个称之为光解过程的太阳辐射对氧分子的作用而形成。氧分子分裂形成氧原子，随后氧原子与氧分子结合产生臭氧。

臭氧主要存在于距地球表面 20 千米的同温层下部的臭氧层中，含量约 50 毫克/千克。它吸收对人体有害的短波紫外线，防止其到达地球。O_2 经紫外光照射而得。在大气层中，氧分子因高能量的辐射而分解为氧原子，而氧原子与另一氧分子结合，即生成臭氧。臭氧又会与氧原子、氯或其他游离性物质反应而分解消失。这种反复不断的生成和消失，才能使臭氧含量维持在一定的均衡状态，而大气中约有 90% 的臭氧存在于离地面 15~50 千米之间的区域，也就是平流层。在平流层的较低层，即离地面 20~30 千米处，为臭氧浓度最高之区域，是为臭氧层，臭氧层具有吸收太阳光中大部分的紫外线，以屏蔽地球表面生物不受紫外线侵害之功能。

1785 年，德国人在使用电机时，发现在电机放电时产生一种异味。1840 年，法国科学家克里斯蒂安·弗雷德日将它确定为臭氧。

臭氧具有等腰三角形结构，3 个氧原子分别位于三角形的 3 个顶点，顶角为 116.79 度，密度约为氧气的 1.5 倍，其沸点和凝固点均高于氧。臭氧液态呈蓝色，固态呈紫色。它与氧气不同，带明显令人恶心的气味，但低浓度的臭氧闻起来就像下过雨后出门闻到的"新鲜空气"的那种气味，十分怡人（当然也十分危险）。臭氧反应活性强，极易分解，很不稳定，在常

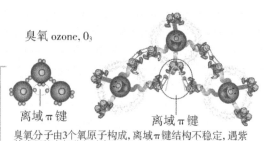

臭氧 ozone, O_3

离域 π 键　　　　　　离域 π 键

臭氧分子由 3 个氧原子构成，离域 π 键结构不稳定，遇紫外线很快自行分解成氧气（O_2）分子和单个氧原子（O），所以也能杀菌

臭氧三角形结构

温下会逐渐分解为氧气，其性质比氧活泼，比重为一般空气的 1.7 倍。臭氧会因光、热、水分、金属、金属氧化物以及其他的触媒而加速分解为氧。

它不溶于液态氧、四氯化碳等。有很强的氧化性，在常温下可将银氧化成氧化银，将硫化铅氧化成硫酸铅。臭氧可使许多有机色素脱色，对橡胶和纤维破坏性很大，很容易氧化有机不饱和化合物。臭氧在冰中极为稳定，其半衰期为 2000 年。

臭氧的自然破坏是通过由氧、氮、氯、溴和氢参与的一系列催化过程造成的。

因臭氧反应活性强，是强氧化剂，对植物、动物及很多结构材料如塑胶、橡胶有害。它还会伤害肺组织，严重会导致肺出血而死亡，因此，当空气中臭氧含量过高时，一般建议老人和幼儿不宜于户外做剧烈运动，以免吸入过量臭氧。低层空气中臭氧有时被称为"有害的"臭氧，主要源于汽机车排气中二氧化氮的光化学分解。由于工业和汽车废气的影响，尤其在大城市周围农林地区，在地表臭氧会形成和聚集。地表臭氧对人体，尤其是对眼睛、呼吸道等有侵蚀和损害作用。地表臭氧也对农作物或森林有害。与"有害的"臭氧相反，"有益的"臭氧存在于地球大气层的中气层（平流层上部），又称光化层，覆盖着地球表面，阻隔大部分破坏生物组织的太阳紫外线辐射。而稀薄的臭氧会给人以清新的感觉，因此，在大雷雨后，空气总是特别清新。

臭氧具有强烈的刺激性，吸入过量对人体健康有一定危害。它主要是刺激和损害深部呼吸道，并可损害中枢神经系统，对眼睛有轻度的刺激作用。当大气中臭氧浓度为 0.1 毫克/立方米时，可刺激鼻和喉头黏膜；臭氧浓度在 0.1~0.2 毫克/立方米时，引起哮喘发作，导致上呼吸道疾病恶化，同时刺激眼睛，使视觉敏感度和视力降低。臭氧浓度在 2 毫克/立方米以上可引起头痛、胸痛、思维能力下降，严重时可导致肺气肿和肺水肿。此外，臭氧还能阻碍血液输氧功能，造成组织缺氧；使甲状腺功能受损、骨骼钙化；还可引起潜在性的全身影响，如诱发淋巴细胞染色体畸变，损害某些酶的活性和产生溶血反应。臭氧超过一定浓度，除对人体有一定毒害外，对某些植物生长也有一定危害。臭氧还可以使橡胶制品变脆和产生裂纹。

大自然很容易产生臭氧，在打雷闪电时会产生几十万伏的高压电，电离空气及有机物形成臭氧。臭氧能于短时间内将空气中的浮游细菌消灭，并能中和、分解毒气，去除恶臭。因此，臭氧可用于净化空气、饮用水，杀菌，处理工业废物和作为漂白剂。

自从 1970 年初以来，作为大气中的微量气体，臭氧从只为少数科学家关注变成一个全球性突出问题。由于这些科学家展示了大气臭氧的正常浓度受到了人类活动的冲击，才导致了这一变化。臭氧的减少是根据 WMO 的全球臭氧观测系统自 1950 年中期以来 150 多测站及最近 15 年中为数不多的专业卫星收集的资料发现的。通过大量的实验室研究、外场测量和理论研究，已确认了许多人造的化合物与这些臭氧减少的关系。根据这方面的资料，各国响应联合国环境署（UNEP）的号召签署了第一个保护臭氧层公约。

我们呼吸的空气 99% 是氮（78%）和氧（21%）。数百万年来这样的比例始终保持未变。一些稀有成分，如水汽、二氧化碳、甲烷、一氧化二氮、臭氧和惰性气体（如氩、氦、氖），在空气中的体积比例不足 1%。平均而言，每 1000 万个空气分子中只有 3 个臭氧分子。如果将大气中所有的臭氧移至地球表层，其厚度大约仅为 3 毫米。

不同地点的大气柱中臭氧总量是不一样的，它主要取决于大尺度大气动力学。

虽然臭氧分子十分稀有，但它在我们地球生命中发挥了重要的作用。它们吸收有害的太阳紫外辐射（波长比 320 纳米左右还短），保护我们及所有其他动物和植物免受伤害。臭氧基本上也决定了平流层（10～15 千米）的热结构，在平流层中温度随高度增加而升高。

一方面太阳能量生产出新的臭氧，另一方面这些气体分子不断地被一些含氧、氮、氢和氯或溴的天然化合物所破坏。这些化学物质早在人类开始污染大气之前即已在平流层中存在。氮化合物来自土壤和海洋，氢主要来自大气中水汽，氯和溴则以甲基氯化物和甲基溴化物的形成来自海洋。目前，人类已开始扰乱臭氧脆弱的生成和破坏之间的平衡。通过向大气排放额外的含氯和含溴的化学物质（如氯氟化碳），人们增强了对臭氧的破坏，导致平流层中臭氧浓度降低。臭氧减少后，到达地面的太阳辐射就会增多，获得的热量多，地面白天的温度就会上升，同时地面向外辐射能量的也多，也就是说大气吸收地面的热量也同时增加，这样在夜晚时大气通过逆辐射返回给地面的热量也增多了，温室效应也就加剧了。

在大气的低层（地表至 10～12 千米），称之为对流层，则正在发生相反的过程。在北半球中纬度地区，主要由于燃烧过程，对流层的局地臭氧浓度在过去 100 年中已增加 1 倍以上。对流层臭氧的这一增加不能补偿平流层臭氧的耗减，但这变化会影响地球大气系统的辐射平衡。

臭氧问题已在联合国 50 周年纪念大会中提出，因为它代表了一个成功的环境例子。要掌握臭氧的变化及保护臭氧所需的措施，均需要全世界的科学家、政府和工业部门的合作；需要在 WMO 和 UNEP 的协调下，各国在与联合国专门机构如联合国开发计划署、世界银行及其他国家和国际组织的合作中共同作出努力。

臭　氧

温室效应对环境的影响

全 球 变 暖

近 100 年来，地球气候正经历一次以全球变暖为主要特征的显著变化。这种全球性的气候变暖是由自然的气候波动和人类活动增强的温室效应共同引起的。而近 50 年的气候变暖主要是人类使用化石燃料排放的大量二氧化碳等温室气体的增温效应造成的。

1860 年以来，全球平均温度升高了 (0.6 ± 0.2)℃。近百年来最暖的年份均出现在 1983 年以后。20 世纪北半球温度的增幅是过去 1000 年中最高的。大气中温室气体浓度明显增加，大气中二氧化碳的浓度已达到过去 42 万年中的最高值。

暖冬温度破纪录。2007 年北美洲地区隆冬气温堪比夏季，美国纽约市整个冬天片雪未下，1 月 6 日白天气温最高达 22℃，打破历史同期纪录；加拿大历来被称为"冰与枫的国度"，但其北部特有的冬季风情却在日渐消失，以全球最长滑冰场而闻名的丽都河也迟迟不结冰……

在全球变暖的大背景下，我国近 100 年的气候也发生了明显变化，气温上升了 0.4℃~0.5℃，略低于全球平均的 0.6℃。气候变暖最明显的地区在西北、华北、东北地区，其中西北（陕、甘、宁、新）变暖的强度高于全国平均值。2001 年冬天到 2002 年春天我国大部地区降水偏少，其中华北中南部、东北西南部偏少 50%~90%，华北、东北出现不同程度的干旱。北方地区出现了 10 年来范围最广、强度最强、持续时间最长、影响最大的沙尘暴过程。

我国冬季增温最明显。1985 年以来，我国已连续出现了 16 个全国大范围的暖冬，1998 年冬季最暖，2001 年次之。2001 冬天到 2002 年春天全国大部分地区气温普遍偏高，其中东北、华北、黄淮、江淮中部、江南东部等地偏高 2℃ ~ 4℃。2001 ~ 2002 年的冬季为近 40 年来第二个最暖的冬天（第一个暖冬为 1998 ~ 1999 年冬季）。

隆冬时节纽约温暖如春

2007 年 1 月 6 日在美国应该出现隆冬时节寒冷的场景，但是却是出人意料的明媚温暖的天气。对于这种情况，真是有人欢喜有人愁！

虽然已经进入隆冬季节，但是美国纽约却是一番春光明媚的景象。纽约的气温上升至 22℃，打破了纽约历史上 1 月份的最高气温纪录。在此之前，纽约 1 月份最高气温纪录是在 1950 年 1 月 26 日，当时的气温为 17.2℃。

纽约的一名卖冰激凌的小商贩表示，销售额在今年冬天上升了 15%。此外，高

野雁在觅食

尔夫球中心的顾客也比往年增加了 2 ~ 3 倍。但是滑雪场的老板则因为缺乏降雪而愁眉不展。在 2007 年 11 ~ 12 月，纽约一直都没有下雪，这是自从 1877 年以来首次出现的反常情况。当地冬季大衣及用品却滞销，餐厅生意大好。阳光明媚的温暖天气让很多纽约民众和游客都感到十分欣喜，很多人穿上 T 恤和短裤到公园游玩或者运动。

全球变暖的趋势是出现暖冬的重要原因。同时纽约也受到具体气象因素的影响。其中最主要的因素是"厄尔尼诺"现象当时正在太平洋海域出

现。"厄尔尼诺"特指发生在赤道太平洋东部和中部的海水大范围持续异常偏暖现象，这种现象的发生常常对大气产生巨大影响，从而给全球气候带来异常变化。除此之外，在美国东海岸上空，阻止南方暖气流向北蔓延的高纬度气流北移，也使得暖气流向北延伸。

在捷克也出现了类似的情景。本来 2007 年 12 月已经进入冬季，但在捷克却感受不到一丝寒意，犹如秋天。滑雪场上没有一片雪花，绿茵茵的草地上绽放着五颜六色的小花，9 日的最高温度为 12℃，出现了 4～5 年来未有的暖冬。姆林市滑雪场的旅馆经理说，2006 年的此时已经开始滑雪 3 个星期了，旅馆里天天住满游客。2007 年却门可罗雀，收入锐减。捷克市市长说，姆林市的财政收入 70% 来自冬季滑雪旅游，如果没有雪，经济前景会令人担忧。

重庆开始变暖

重庆是在 20 世纪 90 年代中后期，才较为明显地出现气候偏暖的趋势，也就是说，重庆受到全球气候变暖影响的时间，较全球的其他城市，在时间上偏晚。

从 20 世纪 70 年代以来，主城区的年平均气温变化也经历了明显的冷—暖阶段性变化。其中，1949 年气温变化出现转折进入偏冷阶段，1949～1996 年气温以偏低为主；而从 1997 年开始，年平均气温变化又一次出现转折，进入偏暖阶段，1997～2006 年阶段内年平均气温均值 18.7℃，超出平均值 0.3℃。

市气候中心的另一组数据也显示，1961～2007 年的 46 年来，重庆年平均气温整体上呈小幅度的上升趋势，上升了 0.14℃，上升速率为 0.03℃/10年；而 1997 年之后的年份，重庆的气温上升幅度则超此平均速度 1 倍，之后整体气温的逐年上涨较为明显。

夏季时间将延长，最高温可达 46℃。

在市气候中心的数据库，重庆自 1951 年以来的四季到来时间悉数记载。数据显示，从 2000 年开始，春、夏、秋、冬这四季到来的时间似乎越来越不按常理出牌。

按照被一致认可的气候学入秋标准：连续 5 天日平均气温低于 22℃。而 2009 年，除巫溪外，39 个区县的秋天却集体迟到 10 多天。迟到得最厉害的奉节，比历年平均 9 月 17 日入秋这一时间足足晚了 20 天；主城区直到 10 月 8 日才勉强入秋，迟到了 13 天。

2009 年秋天来得异常的晚，但冬天却偏偏来得早，创下了 33 年之最。从 20 世纪 50 年代开始，主城区冬季到来的平均时间为 12 月 13 日，从 1960 年开始，重庆在 11 月份进入冬季的年份仅 6 年，主要集中在 20 世纪六七十年代。而 2009 年，重庆市入冬的时间为 11 月 16 日，入冬时间之早，仅次于 1976 年创下的纪录。专家表示，若全球气候变暖趋势继续增加，夏季的时间势必将被延长。

《重庆市气候变化公报》也同步显示出，46 年来，重庆四季平均气温变化的特点有所不同：重庆大部分地区的秋季和冬季平均气温都呈上升趋势，而夏季平均气温却呈下降趋势。

重庆的气温是否还会升高？市气象台高级工程师江玉华肯定地回答："重庆的气温在未来同样会呈现总体上升趋势。"

市气候中心的资料显示，重庆作为中国三大"火炉"城市之一，历史上最高温度曾达到 44℃，而这一高温则极有可能在未来被再度改写。

"火炉"重庆

专家们表示，今后重庆的"体温"可能突破 44℃，达到 46℃。

台湾"烧"得很严重

对于全球变暖的影响，台湾民众甚感担忧。台湾的重要城市面临着很大威胁。

美国国家海洋大气总署 2007 年 5 月公布的气候报告书显示，刚过去的冬天是从 1880 年有记载以来地球最热的冬天。台湾民众对此应该更加担心，因为百年以来，台湾平均温度的增加值是全球平均值的 2 倍。科学家预测，如果海平面继续上升，到 2100 年，台湾沿海将被淹没 6.25 米，台北、高雄、台中等重要城市都可能消失在茫茫大海中。

从 20 世纪 80 年代末期开始，"全球暖化"这个词汇登上国际舞台后，20 年之间，从环保、政商到娱乐界，沸沸扬扬地把气候暖化炒热为"道德议题"，俨然发展成信众最多的"主流新宗教"。集 2000 多位顶尖科学家的研究精华，联合国政府间气候变迁研究小组（IPCC）在最新出炉的报告中谆谆告诫，地球持续升温挡也挡不住。到了 21 世纪末，平均温度最高可能会比现在还要热 6.4℃。"暖化已经把地球搞得天翻地覆"，对于这个全球最热的话题，环保运动出身的台"环保署长"显得更是心焦，他不讳言，自己比 IPCC 诸公还要悲观。

钻研气候长达 25 年的气象科技研究中心主任就点破，在联合国的报告中，台湾属于气候变迁的高危险群。百年以来，平均温度增加了 1.3℃，是全球平均值的 2 倍，也比邻近的日本、中国大陆高。台北市的夜间平均气温，甚至增加将近 2℃。

为什么台湾"烧"得比较严重呢？"中研院"环境变迁研究中心主任归纳，除了全球暖化这一因素，台湾人口密度全世界第二高、每单位能源消耗量位居全球前 3 名，也是关键中的关键。就以造成地球暖化的"祸首"温室气体为例，1990～2004 年，台湾二氧化碳总排放量倍速成长 111%，是全球成长值的 4 倍速度，每人平均年排放量超过 12 吨，是全球平均值的 3 倍。根据高雄市环保局统计，高雄市每人每年就"贡献"34.7 吨二氧化碳，是世界平均值的 8 倍，号称是全球人均排放量最高的城市。

台湾不但气温升高、温室气体排放量大，台湾地区的日照时数在 10 年内减少了 15%；下毛毛雨、都市起雾的概率也大幅下降。全球暖化对气候引起的诸多冲击正逐渐浮现。

以研究气候变迁著称的台大大气系教授注意到，2006 年台大校园的凤凰树分别在 6 月、9 月开了 2 次花；在二十几℃最活跃的蚊子，冬天活动力比夏天还强。"以后可能变成夏天气温高到没有蚊子，冬天反而要点蚊香。"

教授摇头笑说。除了冬天点蚊香，台湾未来的夏天也会比现在更热。专家预估，未来10年，台北夏季出现35℃热浪的日子，将从目前的二十几天大幅增加到40天，"这代表我们连衣着、用电习惯都要跟着改变。"

温室效应影响雨林

雨林是指位于赤道带上雨量丰沛区域的森林区域。绿色植物吸收阳光中的能量，再利用水与二氧化碳合成自身需要的养分——葡萄糖。在合成植物自身需要的养分的同时可伴随生成其他生物所需要的氧气，因此，植物对于其他生物而言，是一种非常重要的生态伙伴。赤道带上的森林因为植物的生长特别茂密，在调节地球二氧化碳含量上具有相当重要的角色，因此，有些科学家称雨林为"地球的肺"。

一些科学家认为，气候变暖可能导致植被发生变化，全球变暖可能颠覆世界上最大的热带雨林，在21世纪末亚马孙雨林将变为热带草原。2007年，巴西国家空间研究所得气象学家说，如果任由全球变暖发展，这一生态丰富地区的降雨会减少，同时气温会升高。最坏的情况是，在2100年气温将升高5℃~8℃，降雨减少15%~20%。这将使亚马孙雨林变为热带草原。最坏的情形是假设是不对气候变化采取任何行动后产生的情况。

亚马孙雨林干旱更胜撒哈拉

撒哈拉的干旱是众所周知的，有谁想到亚马孙雨林会比撒哈拉还要干旱呢？河水断流，12000公顷大的湖几乎全部干掉了，成千上万条死鱼覆盖了地面，游艇嵌在岸边的沙子里，人们在河床上行走或骑自行车，整个河道看起来就像是撒哈拉大沙漠。

然而，令人难以置信的是，这场干旱不是发生在沙漠的边缘，它发生在亚马孙热带雨林。干涸的湖泊是亚马孙的雷湖，断流的河正是亚马孙河，百年以来最大的灾难袭击了亚马孙。

2005年，巴西亚马孙河流域遭遇数十年来最严重的干旱，引发当地森林大火，饮用水被污染，数以万计的鱼类死亡。

干旱的亚马孙雨林

席卷亚马孙的干旱是从2005年1月份开始的，最初的表现是西部和西南部的一些区域降雨量严重不足，河流的水量和水平面高度都比历史同期平均量大大降低。雪上加霜的是，大火在干燥异常的森林中蔓延，数千公顷雨林葬身火海。

干旱波及马瑙斯时，旱情发展为近103年来最严重的程度。据科学家估计，马瑙斯地区东部的旱情是近50或60年来最严重的。干旱迫使亚马孙州州长宣布该州进入危机状态，其下属62个市中的61个也都宣布进入紧急状态，几千居民被迫转移至远离雨林的安全地区。紧急应对部门表示，居住在水边的超过1200个社区都严重缺水缺粮。

这场干旱来得十分蹊跷。亚马孙雨林只有雨季和旱季两个季节。雨季在当地被称为冬季，而相对少雨的旱季则被当地人称为夏季。每年5~10月为旱季。雨季则从11月开始，一直持续到来年4月。1月份本应该是亚马孙雨林的雨季，却发生了严重的干旱，这似乎有些不合情理。

巴西国家空间研究院的科学家认为，亚马孙发生百年不遇的大旱有三大原因——大西洋变暖、乔木蒸发量的减少，以及林火释放的烟雾。

首要原因是北部热带海洋变暖，平均气温上升了2℃。海水为该地区提供了可观的降雨量，还有一种向上的空气运动——这在多雨的地方很常见。然而，升起的一切都会下降。降落到亚马孙地区上方的空气干扰了云的形成。这就是为什么这场干旱的范围如此之大、影响如此严重、持续时间如此之长。

就这场干旱的强度而言，其他两个因素的重要性就弱一些。长时间的干旱使植物蒸发量降低，进而减少了水循环。一些相关研究也显示，森林大火产生的烟雾"在干旱季节也会干扰云朵的形成"。

麻省理工学院气象学博士，组织了亚马孙生物圈—大气圈大规模实验。

这个实验的目的是探索亚马孙地区气候学、生态学、生物地球化学和水文学功能，以及亚马孙和地球系统之间交互作用。

由于其生物多样性的脆弱性，巴西是世界上面对气候变化最脆弱的国家之一。假如亚马孙的森林覆盖面积减少的数量达到40%，这片世界上最大的森林逐渐转变为热带稀树草原的进程就再也无法逆转。

除了以上原因，不少科学家还认为，大面积的森林砍伐也是加重旱情的重要因素。亚马孙生物圈—大气圈大规模实验项目的科学家指出，比如在亚马孙森林东部，本来就比其他地方干燥，现在伐木又使当地生态系气候更不稳定。当地的植物原本会借由蒸发和蒸散作用循环水分，达到维持该地区湿度的效果。但是自从这些植物消失以后，干季就变长了，平均温度也开始上升。

科学家已发现，亚马孙雨林正逐渐消失。他们警告，雨林消退不仅加剧全球暖化，还令众多只能生存在雨林内的生物面临灭绝。

43

温带森林也不能幸免

在继续变暖的21世纪，森林是最容易受到损害的生态系统，将有相当多的树种面临不适应的气候条件。北半球的树木本来就不够茁壮，因而，一些地区的森林将在暖干气候条件下更容易枯萎。这是由于在全球变暖引起的气候快变条件下，大多数树种难以找到气候适宜的地点，

天山以北的草原

即物种的生境。生境是物种生存和繁殖的环境条件。不同的树木在某些地点重新发现适宜它们特点的气候生境需要一个长时间的稳定气候。

据我国科学家分析，当降水增加10%时，如温度升高1℃，我国天山以北的草原和稀树灌木草原的面积将增加，塔克拉玛干沙漠面积将减少，和田河

畔的荒漠河岸胡杨疏林将消失，柴达木盆地的大片戈壁、盐壳及风蚀沙地将有50%发展为荒漠植被，青海湖周围的草甸和沼泽北延到祁连山下、西伸到柴达木盆地边缘；当温度升高、降水增加时，西北地区的草原和稀树灌木草原、草甸和草本沼泽的面积将有所扩大，部分沙漠被荒漠植被代替。而当温度升高、降水减少时，西北地区的草原和稀树灌木草原、草甸和沼泽面积缩小，荒漠植被将被取而代之，荒漠化严重，农业生产受到威胁。

在平均温度增加2℃，降水增加20%的假设条件下，我国西部森林地带将有所变干，而草原和荒漠地带稍变湿，青藏高原各植被地带的干旱将变得较为严重，各植被的热带量将北移。寒温性针叶林地带转变成温带区域，温带、暖温带的南部变为暖湿带与亚热带，亚热带除北地区外，都变成热带。温带草原地带南部积温带东部荒漠地带变为暖温带，青藏高原各植被地带也都变为上一级热带量。

如果平均温度增加4℃，降水增加20%，各植被地带都将比现在变得干热，森林地带干旱程度增加，但仍能满足森林的水分要求，草原地带将变得干热，西部草原将变为荒漠区，荒漠地带沙漠化加剧。青藏高原各植被地带的干旱程度均有较大幅度的增加，沙漠化趋势加强。

地球的"癌症"——沙漠化

所谓的沙漠化就是指由于雨水稀少，高温而引起土地干燥，致使草木不能生长，到处是沙子的区域。有名的沙漠有非洲的撒哈拉沙漠、中国的塔库拉玛干沙漠、北美的索诺拉沙漠、澳洲的大沙漠。还有，土壤的侵蚀和盐类的堆积也是导致沙漠化的重要原因。当今沙漠化正在以这些沙漠为中心向其他区域扩展，现在沙漠化的进展速度已经到了人类不可忽视的地步。

沙漠化现在正在向各个区域扩展。沙漠化的面积已经达到了全球的1/4。不敢想象要是再照这样发展下去，沙漠的比例将会是现在的3倍左右。真是不敢相信，根据联合国的调查报告，2009年会有大约有6万平方千米的面积被沙漠化，沙漠化的波浪确实正在不断地扩大。沙漠化最严重的地方是以撒哈拉沙漠为中心的非洲大陆。让人惊奇的是撒哈拉沙漠正在以150

万公顷/年的速度扩张，要任其发展下去，非洲的大陆就会变成一个沙漠的大陆。还有，中国的沙漠化已经影响到中国东部，沙漠里的沙子随着风吹到了北京。不仅仅是这些地区，其他区域也遭遇到了沙漠问题。我们要尽早地了解沙漠化的原因和解决沙漠化的有效对策，并把它当作一个重要的课题来研究。

塔库拉玛干沙漠

45

沙漠化的成因

沙漠化的原因不仅仅是因为气候的变化，它还和人类的活动息息相关。

撒哈拉沙漠

一方面是由于森林、草原被大量毁坏，水土流失严重；干旱地区持续干旱，另一些地区又经常暴雨成灾。另一方面由于废气、废弃物越来越多，致使气温升高，气候变化紊乱。这一切导致了日益广泛的沙漠化。

沙漠化的原因是由于气候和人类的活动而造成的土地恶化。最近由人类的活动造成的沙漠化问题变得越来越严重。

非洲的撒哈拉沙漠很久以前是一片被绿色覆盖的大地。但是由于长年的气候变化，雨水稀少，最终导致土地干燥变成了沙漠。像这样的沙漠，是由气候的变化，大自然的力量而形成的。

沙漠化的原因除了自然的原因，人为的作用已成为很重要的原因。比如，森林的砍伐和放牧，农业耕作所造成的沙漠化。由于木材需求量的扩大，大量的树被砍倒，对牛羊等家畜的过度放牧，成片的草被吃完。开垦农田和耕地的扩大导致森林被砍伐、荒地的出现等等，人们为了生活助长了沙漠化的形成，这些也都造成了土地劣化。

造成沙漠化的其中还有一个原因就是盐类物质的侵蚀而造成的土地恶化。在农业耕作的时候，往往要对作物进行输水灌溉，如果进行灌溉而不好好排水的话，保含着盐类的地下水水面就会上升，进而蒸发，就会在地面堆积大量的盐分使得土地变得荒瘠。在盐类大量聚集的土地上作物将不能生长，土地就会明显地衰退下去，最终导致沙漠化。

在人口急剧增长的中国，沙漠化也是严重的问题。数十年前还都是绿地的地方，突然变成了沙漠化。人口的增加是其原因之一。随着人口的增加，对蔬菜肉类的需求也会增加。而且，不断地建设住房会导致木材需求的增加。人口的增加会导致农田的扩大和森林的砍伐，最终也会成为沙漠化的原因。

沙漠化给人类造成重大损失

沙漠化，不仅是大气的一个重要污染源，而且正在威胁着人类和地球的生存。

20世纪60年代末和70年代初，非洲西部撒哈拉地区连年严重干旱，造成空前灾难，使国际社会密切关注全球干旱地区的土地退化。

全球沙漠化的面积，几乎相当于中国、俄罗斯、加拿大、美国的领土总和。沙漠化正影响着100多个国家，包括80多个发展中国家。

据联合国统计，沙漠化每年造成的直接经济损失达423亿美元，间接经济损失是其2~3倍，有的地方甚至达10倍。全球每年治理沙漠化花费100亿美元。在人类面临的诸多生态环境问题中，沙漠化是最为严重的灾难。

历史上，沙漠化埋葬了许多文明。中国古代"丝绸之路"上的楼兰王国，就是被沙漠埋葬的。作为连接欧、亚大陆桥梁的"丝绸之路"，早已深深地被埋在沙海之下。

沙漠化集中在非洲、亚洲、拉丁美洲的发展中国家。非洲在今后30年，人均耕地将减少 2/3；亚洲沙漠化土地，相当于非洲沙漠的 73％。我国西北、华北、东北共 11 省份，分布着 12 块沙漠和沙地；全国沙漠化土地占国土的 1/3，直接危害 5000 多万人，4 亿人生活受到影响。20 世纪 70 年代以前，我国沙漠化土地每年扩大 1650 平方千米；而进入 20 世纪 80 年代以后，以 2100 平方千米/年的速度扩大。目前，我国已成为世界上沙漠化面积最大、分布最广、危害最严重的国家之一。

沙漠化伴随着缺水，植被成片衰败、死亡，野生动物逐渐绝迹，农牧民只得迁往他方。

我国荒漠化形势十分严峻。根据 1998 年国家林业局防治荒漠化办公室等政府部门发表的材料指出，我国是世界上荒漠化严重的国家之一。根据全国沙漠、戈壁和沙化土地普查及荒漠化调研结果表明，我国荒漠化土地面积为 262.2 万平方千米，占国土面积的 27.4％，近 4 亿人口受到荒漠化的影响。据中、美、加国际合作项目研究，中国因荒漠化造成的直接经济损失约为 541 亿人民币。

我国荒漠化土地中，以大风造成的风蚀荒漠化面积最大，占了 160.7 万平方千米。据统计，20 世纪 70 年代以来仅土地沙化面积扩大速度，每年就有 2460 平方千米。

土地的沙化给大风起沙制造了物质源泉。因此，我国北方地区沙尘暴（强沙尘暴俗称"黑风"，因为进入沙尘暴之中常伸手不见五指）发生越来越频繁，且强度大，范围广。

根据对我国 17 个典型沙区，同一地点不同时期的陆地卫星影像资料进行分析，也证明了我国荒漠化发展形势十分严峻。毛乌素沙地地处内蒙古、陕西、宁夏交界，面积约 4 万平方千米，40 年

沙尘暴

47

间流沙面积增加了 47%，林地面积减少了 76.4%，草地面积减少了 17%。浑善达克沙地南部由于过度放牧和砍柴，短短 9 年间流沙面积增加了 98.3%，草地面积减少了 28.6%。此外，甘肃民勤绿洲的萎缩，新疆塔里木河下游胡杨林和红柳林的消亡，甘肃阿拉善地区草场退化、梭梭林消失……一系列严峻的事实，都向我们敲响了警钟。

温室效应对海洋的影响

随着全球气温的上升，海洋中蒸发的水蒸气量大幅度提高，加剧了变暖现象。全球变暖对海洋有以下两个影响，从而导致海平面上升。

全球变暖将造成海洋混合层水温上升，升温造成的热膨胀能显著地造成海平面的上升；气温和海水温度的上升将造成极地冰冠的大量融化，融化的冰冠进入海洋，促成海平面上升。

如果将来气温大幅度上升，对极地将产生巨大的影响，那时极地冰川和冰冠将大量融化，其对海平面上升的贡献将远远超过混合层热膨胀的贡献。在 21 世纪，全球海平面上升的平均速度约为 6 厘米/10 年，预计到 2030 年，海平面将上升 20 厘米，到 21 世纪末海平面将上升 65 厘米，沿海地区和沿海城市，将会在全球变暖的过程中成为首当其冲的"重灾区"。这是联合国对人类发出的警告。

海平面的上升绝不是一个必然现象，对于人类来说，它会带来巨大的灾难。

根据德新社报道的联合国有关部门的估算，全世界目前有 35 万千米海岸线，6400 千米城市海岸线，10700 千米位于旅游区的海滩及 1800 千米的港口地带，世界 1/3 的人口和多数大城市都分布在这些海岸线上和大河口地区，其中世界上最大的 35 个城市中有 20 个地处沿海，如果海平面真的出现 1~2 米的上升，世界级的大城市如纽约、曼谷、悉尼、墨尔本、里约热内卢、圣彼得堡、上海，将面临着浸没的浩劫。同时，最主要的工业区和最富庶的郊区农业基地也会遭到灾难性的损失，大面积的土地亦将没入海下，还会导致海岸线移动、陆海变迁，对大陆架和海岸地貌、浅海近岸产生难以预料的影响。

海水入浸，又将造成大面积土壤碱化、沼泽化，由此而导致农作物品种退化、粮食减产以及饮用水碱化、污染一系列灾害。随着海平面上升，旋风活动加剧，这意味着地球将进一步缩小陆地面积，增大洪涝灾害的影响范围，而更加频繁的台风与风暴的袭击，将加重沿海城市和地区的自然灾害。

海平面上升

海平面上升指由全球气候变暖、极地冰川融化、上层海水变热膨胀等原因引起的全球性海平面上升现象。

古代杞人忧天倾，今天的科学家忧海侵，而且对海侵的忧虑还是很深沉的。事实已经充分证明，这并非耸人听闻。

20世纪以来，全球变暖引起全球海平面上升了10~20厘米。我国海平面呈明显上升趋势，这将使许多海岸区遭受洪水泛滥的机会增大，遭受风暴影响的程度和严重性加大，还会引起海岸滩涂湿地、红树林和珊瑚礁等生态群的丧失，造成海水入侵沿海地下淡水层，沿海土地盐渍化等，从而造成海岸、河口、海湾自然生态环境的失衡，给海岸生态环境带来灾难，同时也将对当地的社会经济产生严重的影响。

由于海水上涨，土地下沉，埃及尼罗河三角洲正慢慢消失在地中海里，一些土地和城镇将从版图中消失。预计20年后，现在的港口城市塞得港等地将沦为一片汪洋。

不断上涨的洋面大大降低了孟加拉国自然屏障对风暴潮的抵抗力，风暴潮竟可长驱直入到入海口上游160千米处。1970年发生的20世纪最严重的风暴潮灾难，几乎横扫了孟加拉国乡镇，席卷而来的风暴潮一开始就

尼罗河三角洲

49

夺走了 30 万条人命，淹死了几百万头牲畜，摧毁了孟加拉国大部分渔船。

岛国马尔代夫

南亚岛国马尔代夫的 2000 多个大小岛屿中的不少岛礁，因为海水不断上涨，已经淹没。首都马累的国际机场也多次被海水所淹。现在大多数岛屿仅高于海平面 1 米左右，一旦洋面继续上升，它们将统统不复存在。

科学家们研究发现，自从 1993 年以来，全球的海平面平均每年上升 3 毫米，而且这一趋势还在不断加剧。海平面的上升对人类来说是一个危险的信号，它不仅影响到那些在海边居住的人们的生活。随着海平面的上升，它会从地球上吸收更多的热量，冰川也在随之融化。是否有什么办法可以阻止海平面上升这一趋势呢？

美国航空航天局喷气动力实验室的专家称，"我们观测发现全球海平面的上升才刚刚开始，我们需要知道的并不仅仅是海平面上升了多少这样一个简单的数字，而是到底是什么原因造成了这种情况的发生，我们还要知道如果这种情况得不到遏制的话会发生什么。"

实验室的研究小组的主要任务就是研究海平面上升的原因及其对人类造成影响的程度，并希望能够制造出一个完整的系统来阻止这种现象的继续发生。目前，科学家们已经掌握了掌握了海平面上升的基本规律，而且能够较为准确地预报出未来的海平面变化情况。

另一名来自美国航空航天局喷气动力实验室的海洋学家称，"导致全球海平面上升的原因有两个。一是由于海水温度上升，二是河流注入海洋的水流量增多。全世界没有一个单独的海洋监测系统可以准确判断出海平面上升的原因，但把不同的监测系统综合起来就可以得出正确的结论。"

在研究海平面上升方面主要有三大全球监测系统：①卫星监测系统。

它可以精确测量出海平面的高度，科学家们利用它绘制了精确的全球海平面图，并且跟踪其中的变化情况。②"格雷斯"系统。这一系统可以准确测量出地球上任何一个地方的降雨量，它对于监测海平面变化主要起两个方面的作用，一是监测冰川的变化情况，二是监测整个海洋的水量情况。③数以万计的海洋探测装置。它们可以准确探测出海洋表面及深水的温度变化情况。

科学家们介绍称，自 1993 年以来，海平面涨幅的 1/2 都是由于海洋的热膨胀造成的，而另一半则是由于冰川融化造成的。一位地球物理学家称，"在过去的 40 年里，海洋由于吸收大气中的热量使其温度上升了约 2.7℃，这也是造成海平面上升的最主要的原因。"

海水在变暖的气候影响下受热膨胀，进而导致了海平面上升。除此之外，冰川加速融化也使海平面上升的速度加快。

参加 2007~2008 国际极地年的数千位科学家得出的结论：南极冰川比预计融化得要快，这会导致前所未有的海平面上升。他们认为，不仅是南极半岛，整个大陆的西部都在融化。

温室效应引起全球变暖，海水在变暖的气候影响下受热膨胀进而导致了海平面上升。海平面上升给人类带来许多负面的影响。

海平面上升的危害

海平面上升会对人类的生存和经济造成缓发性的影响，正因为它是缓发性的，因而往往不被人们重视，以为每年几个毫米的上升还构不成危险。其实，这种灾害是累积和渐进的。现在，它已经给沿海地区的居民带来了危害。它使沿海地区灾害性的风暴潮发生更为频繁，洪涝灾害加剧，沿海低地和海岸受到侵蚀，海岸线后退，滨海地区用水受到污染，农田盐碱化，潮差加大，波浪作用加强，减弱了沿岸防护堤坝的能力，迫使设计者提高工程设计标准，增加工程项目经费投入，还将加剧河口的海水入侵，增加排污难度，破坏生态平衡。

全球变暖导致的海平面上升，会对 3000 多个城市构成威胁。人类不得不对这样的情况予以重视。

美国宇航局戈达德太空研究院的首脑已经预测过海平面每100年至少上升1米。他认为我们的气候将很快达到颠覆的顶点，即达到极限点，不能逆转的点。到那时，冰原将快速消融。

研究小组发现有证据表明较大的冰原能快速分裂。而且，导致劳伦泰冰盖快速分裂的力量相当于现今格陵兰冰原所面临的这种破坏力。如果科学家从劳伦泰冰盖消亡获得的教训是对的，那么，由格陵兰冰原消融导致全球海平面上升的估计就严重低估了。

海水入侵

总之，这些冰原拥有的水量足以导致全球海平面上升70米。而首要的研究仅仅只考虑了格陵兰冰原。如果海平面每100年上升1米的预测是对的，那么到2108年至少有1.45亿人得告别自己的家园，其中大多数是亚洲人。近来的研究表明，陆地冰原可能比原来我们设想的要融化得更快。受危害最严重的城市可能是冈比亚首都班珠尔、尼日利亚经济首都拉各斯以及那里的1500万个家庭，现在拉各斯一些低于海平面的地区已经饱受频繁的洪水袭击。

海平面上升造成的另一个严重危害是海水对内陆肥沃农田的入侵。"这将使得地下水不再能饮用，也不再适宜农业灌溉，造成食品和饮用水危机。""地球之友"驻加纳的一位计划协调员说。

为此，环境专家们提出了不同的解决方案，不过都认为建设庞大的海岸防浪堤没有用处，而且成本太高。海洋地质学家、德国环保组织海因里希·伯尔基金会在尼日利亚的计划执行负责人说，"明智的选择是迁移到高地，但这也是个艰难的选择，尤其是对于尼日利亚来说，这意味着放弃其位于拉各斯的经济中心以及德尔塔三角洲的石油储备。"

负责人同时坚称，"考虑到其经济、社会和文化影响"，重新安置人口计划是绝不可以考虑的，因为这种解决方案只是考虑了问题的起因却没有考虑如何适应其结果。他还说，"工业化国家应该先行采取措施以削减二氧化碳排放。"但是也有专家说，即使二氧化碳排放大幅下降，在今后 50～100 年里海平面仍将会不断上升。

由于各国的发达地区几乎都集中于低海拔的沿海地区，随着这些地区被淹没，全球各国力量恐怕要重新洗牌。一大批岛国如马尔代夫、瑙鲁之流将彻底消失，大一些的岛国如日本面积将压缩至只有原来小半的山地，岌岌可危。中国这样的大国虽然缓冲较大，但也不容乐观：

（1）东北将新增 2 个出海口，分别是最东北的黑龙江抚远和吉林省珲春。

（2）辽东湾将向北退至铁岭市，铁岭有望成为大城市。

（3）京津冀地区的秦皇岛、天津、唐山、北京以及河北省的东南部将沉入海底。

（4）山东半岛将变成 2 个岛屿，第一大岛不再是台湾。

（5）江苏和上海消失，仅有云台山紫金山等零星小岛。

（6）安徽的淮北平原和长江沿岸地区被淹。

（7）江西的鄱阳湖平原、湖北的江汉平原、湖南的洞庭湖平原三大粮食产区被淹没，形成一个大湖区。

（8）浙江、福建、广东、广西的海岸线退缩较少，但杭嘉湖平原和珠三角平原将被淹没。

（9）台湾、海南的沿海平原被淹。

九大商品粮基地将有 6 个被淹没，到时候吃饭将成问题。

1. 水漫威尼斯

海平面上升会威胁到很多沿海城市，威尼斯同样面临被淹没的危险。有的专家预言，威尼斯早晚要沉掉。

暴雨后导致的洪水，会造成威尼斯全城水位上涨。2008 年 12 月 1 日，威尼斯当局发出警报，警报称海水可能要比正常水位上升 1.6 米，这次水位上涨是 1986 年来最高的一次。狂风使大量的海水漫入威尼斯，全城最高水位涨到 1.56 米，超过 1.1 米的洪水警戒线。威尼斯陷入瘫痪了：几乎所有街道都被水淹没；著名的圣马可广场上，水深达到了 80 厘米。

水漫威尼斯

威尼斯最严重的洪水发生在 1966 年 11 月 4 日。当时，整个意大利许多地方都发生了水灾，而威尼斯城的积水深达 1.94 米，城中 5000 居民无家可归。每年的洪水入侵，使越来越多的居民选择了逃离。从 1966 年至今，威尼斯的人口从 12.7 万人减少至 6.5 万人。

"现在，威尼斯差不多每年都要被淹上一次，遇到雨水丰腴的年头，几乎是每周被淹一次。"中国地质环境检测院工程师认为，这是一个必然现象。威尼斯每年都会遇到风暴潮，而且越来越严重。"我们从地质的眼光看，大概在 20 ~ 30 年后，最迟也就是 50 年，威尼斯就会消失不见。"

威尼斯的被淹除了气候变暖的原因外，与城市的沉降也有很大关系。

穿过亚得里亚海，进入意大利东北部，就能看见威尼斯躺在眼前，俯瞰起来形如一只海豚。这座总面积不到 7.8 平方千米的城市，由 118 个小岛组成，177 条运河如同蜘蛛网一般密布于城市之中。大约 350 座桥将小岛和运河连在一起。

目前，全世界的海平面处于上升中，只是每个海域所上升的幅度不同。威尼斯本身的海拔很低，很多地方又都处在海的入海口处，或是海边的交互地带。只要海平面上升，海水自然就会涌入城中。这种现象与全球演化密不可分。因为地质在冰期与间冰期之间，呈周期性变化。冰期非常寒冷，而间冰期是比较温暖的时期，温暖就必然会导致冰雪融化。虽然人类的活动会对环境造成一定的破坏，加速气候变暖，但这种影响相对于地球本身的演化，并不算大。

此外，威尼斯还处在软土上，被称为"软土三角洲"。这种类型的土地属于松散地层，迟早都会出现一个自然压缩的过程。

"这就好像沙子之间存在缝隙，如果将重物压在沙层之上，或将沙层中的水抽掉，沙子就会下陷、变得紧密。"专家说，威尼斯目前就处于这种状况下，城市本身就在自然压密。然而第二次世界大战后，当地为了满足工农业发展的需求，大量开采地下水，加速了软土层压缩的进程。土层被压缩后，反映在地表就是高地消失。土层在下降，海平面在上升，从而加剧了对城市的破坏。

虽然下沉的情况在贫水年和丰水年会有差别，但城市沉降是长期的。哪怕气候控制得很好、降水量很少，城市也在逐渐下沉。到目前为止，威尼斯在20年内已经下沉了30多厘米，威尼斯人生活的中心——圣马可广场，只高于警戒水位30厘米。现在，只要洪水发生，圣马可广场就会浸入在水面下10厘米，而且情况还在不断恶化。

其实除了威尼斯，曼谷、纽约以及上海也不同程度存在此类问题。

"威尼斯城早晚要沉掉，这毫无疑问！"专家说，和威尼斯一样有着相同命运的，还有泰国的曼谷、美国的纽约以及中国的上海，这几个城市也遭受着由于海平面上升、地基下陷而导致消失的威胁。以上海为例，上海与威尼斯同处于江河的入海口，地质条件也类似，不过，上海的海拔比威尼斯高出一些。目前，上海正在全力控制，防止威尼斯的"厄运"在自己身上发生，严格限制地下水的开采、降低建筑面积在用地面积中的比例、人工回灌地下水……上海还建起了一整套的地面检测网络，以掌控地面沉降的趋势。

专家认为，及早地应对，起码有足够的时间去延缓地面沉降。"但是，大的趋势我们没有办法改变，那就是海平面在不断上升。"我国一份海洋资料上显示，中国渤海湾在未来的30～50年内，海平面将会上升30～50厘米。

2. "竹篱笆"的工程

距离曼谷不到40千米的龙仔厝府潘泰诺拉新村本来是一个美丽而宁静的村庄，拥有特殊的生态环境和适合种植林业的黏土资源，因此，这里周边的红树林一直生长得相当茂盛。红树林具有防风消浪、促淤保滩、固岸护堤、净化海水和空气等功能，素有"海岸卫士"的美誉。也正因此，村民们虽然生活不算富裕，但得以世世代代在这里平安地劳作。

然而，由于几十年前当地政府实施鼓励人工养虾的政策，致使本应被树林和植物覆盖的区域变成了养虾塘，加上人们对海水资源的过度开发以及全球气候的变暖，当地海水上涨现象越来越严重，直至将原本属于小村庄的土地完全淹没，村民世世代代居住的家园被毁灭。

为抵抗海水的进一步侵袭，潘泰诺拉新村实施了一个名为"竹篱笆"的工程，即在离岸边 100 米处的浅海区域内用竹子筑成 2 排长达 2 千米的竹篱笆，两排篱笆之间相隔 50 米。这项工程不仅有效阻止了海浪对村庄的进一步侵袭，同时还能最大程度地保留这片浅海域中鱼虾等生物的生存。

"竹篱笆"的工程

与此同时，村民们也意识到了红树林的重要性，他们将海岸附近原本用于人工养虾的区域全部用于种植红树类植被，以对抗海水的上涨和海浪的冲击。

3. 相同的遭遇　不同的命运

也许潘泰诺拉新村是以人力对抗气候变化问题的一个成功案例，可是距离该村不到 15 千米的北榄府班孔萨姆金村就不那么幸运了。同样位于泰国湾沿岸的班孔萨姆金村由于地形原因，受到来自 3 个方向海浪的冲击，无法套用潘泰诺拉新村同样的"竹篱笆"工程模式。目前，班孔萨姆金村只能在海水中建起高达数米的水泥柱以暂时抵挡海水入侵，但水泥柱所需的高昂花费根本不是这个贫困的小渔村所能负担的。该村共有 17 户人家，短短10年间，由于海浪的侵袭，村子已经往后推延了数千米，几乎每一户人家都被迫搬迁5～8次，以躲避海水的漫延。不远处的海水中还能看见一些若隐若现的房屋残骸，而散布在海平面上的数根电线杆在提醒着人们，这片汪洋曾经也是一片平静安详的乐土。

孔萨姆塔拉瓦寺庙是班孔萨姆金村最重要和最古老的寺庙。近年来，海水平均每年上涨25毫米，导致寺庙四周被海水淹没，面积仅存7%，与村子之间只能通过人工搭建的木桥相联结。寺庙住持阿提甘说，"也许再过20～30年，孔萨姆塔拉瓦寺庙将不复存在。"

孔萨姆塔拉瓦寺庙

冰川消融

1. 南极冰川加速融化

气候变暖影响了北极熊的生存环境，也影响了南极冰川的融化速度。南极有冰架的面积在减少，有的甚至已经消失。

此前，大多警示针对伸向南美的狭长地带，即南极半岛。然而，极地年策划指导委员会英国专家指出，卫星资料和自动气象观测站显示，南极变暖"同样延伸至南极大陆西部，这是未曾预料的罕见现象"。

专家谈到，西部南极最大的松岛冰川，移动速度比20世纪70年代上升40%，加快了融水和融冰涌入大洋。史密斯冰川比1992年加快了83%。他认为，冰川加速滑向海洋是由于阻止它们的漂浮冰架正在融化。

专家指出，由于消融大大多于新增降雪，该区域冰川年损失总量约为1140亿吨。他解释道："这相当于整个格陵兰冰架目前的损失量。我们从未意识到它移动如此之快。"

国际极地年期间，来自超过 60 个国家的上千名科学家对南北极进行了紧张研究。

在地球的数十万以至数千万年历史中，极地冰盖经历了一个又一个扩大和减退的周期。冰盖一融化，水位就上升。不过，加拿大科学家对南极冰盖融化情况进行计算机仿真实验时发现，其冰盖的融化速度正在急速加剧，南极西部冰盖有可能在未来数百年甚至数十年间局部甚至全部崩塌，造成全球部分沿海地区的海平面上升 6～7 米，并首先会把美国首都华盛顿淹没，除了因为它正身处一个低洼、沼泽地带外，更因为南极大冰原融化的水，原来会集中涌向北美和印度洋。

南极冰盖

因为全球变暖的影响，南极一个名为沃迪的冰架已经完全消失，另外还有 2 个冰架的面积也在迅速减少，面临坍塌危险。这些发现进一步证实，南极冰川融化的速度比人们想象的要快得多。

冰架是陆地冰延伸入海后形成的一片厚大的冰。美国地质勘探局曾发表公报说，他们与英国南极考察处的研究人员通过卫星图像和其他最新勘探技术发现，自从 20 世纪 60 年代开始解体的南极沃迪冰架现在已经完全消失，而另一个名为拉森的冰架的北半部分也不见了，自从 1986 年以来，拉森冰架消失的面积超过了 8500 平方千米。

研究人员将沃迪冰架的消失和拉森冰架面积的缩小归咎于全球变暖。美国内政部长在公报中说："南极冰架的快速消融再次表明，气候变化给地球带来的深刻影响远远超过人们的想象。"

欧洲航天局也发表公报说，其获得的最新卫星图片显示，连接南极夏科岛和拉塔迪岛的威尔金斯冰架出现新裂缝，这有可能加速冰架的断裂。在过去一年里，威尔金斯冰架的面积减少了约 1800 平方千米，占到总面积的 14%。目前，威尔金斯冰架的平均宽度只有 2.7 千米，最狭窄区域的宽度只剩下 900 米。

欧洲航天局说，在过去的 50 年里，靠近南美洲的南极半岛的气温升高了 2.5℃，远远超过了全球平均升温，气温迅速升高可能是威尔金斯冰架等南极冰架快速消融的主要原因。

南极大陆的总面积为 1390 万平方千米，相当于中国和印巴次大陆面积的总和。南极大陆 98% 的地域被一个直径为 4500 千米永久冰盖所覆盖，其平均厚度为 2000 米，最厚处达 4750 米。南极夏季冰架面积达 265 万平方千米，冬季可扩展到南纬 55°，达 1880 万平方千米。总贮冰量为 2930 万立方千米，占全球冰总量的 90%。

按照人类社会加速发展的趋势，南极冰川完全有可能在一两百年之内全部融化。到那时海平面将上升 60 米。

南极西部冰盖在大半个南极洲的海拔 1800 米处耸立。它含冰 220 万立方千米，和格陵兰冰盖的含冰量相若。有科学家担心，如果全球暖化按目前的趋势发展下去，南极西部冰盖有可能在未来数百年甚至数十年间局部甚至全部崩塌。

一旦冰架全部融化，冰盖也将崩塌，造成全球部分沿海地区的海平面上升 6~7 米。不过，南极大冰原融化的水，并非均匀地分散到世界各地海洋中，而是会集中在北美和印度洋周围。这对美国东岸来说是坏消息，因为美东可能在一次海水膨胀中首当其冲。

对气候转变引起海平面上升，以前有很多分析模式都假设来自融化的大冰原和冰川的水，会简单地流入海洋，均匀地充满海洋。这些分析模式预计如果南极西部大冰原融化，会导致海平面上升 5 米，但这些分析模式忽略了 3 个重要因素。

2. 大量冰水涌向北极

首先，加拿大多伦多大学的杰·米特罗维察和同事把南极大冰原对周围的水产生的引力考虑在内，这股引力会把水扯向北极。而随着大冰原融化，这种水涨会与融水一齐散入周围海洋。因此，南极洲附近的海平面会

59

下降，而远离南极的海平面则会上升。

冰一旦融化，其压力的释放还可能会导致南极大陆架上升100米。随着冰的重量对大陆架的压迫被解除，被压的岩石会抬起来，取代海水，海水则会向各处海洋扩散。

地球轴心或将转移

如此大量的水若重新分布，甚至有可能改变地球旋转的轴心。该研究小组估计，南极会向南极洲以西转移500米，北极会朝相反方向转移。由于地球的旋转会在赤道与南北极之间区域的海水制造膨胀，因此这些涨水也会随着轴心的改变而轻微转移。

这一连串连锁反应的最终受害者将是北美洲和印度半岛。北美大陆和印度洋将经受最大的海平面改变的冲击——据估计，美国东岸的海平面将上升1~2米。华盛顿特区正好坐落在该地区正中，这意味着华盛顿特区海平面上升可能高达6.3米。大水也有可能把整个南佛罗里达州及路易斯安那州南部淹没。包括加州在内的北美洲西岸、欧洲和印度洋一带的沿岸地区的水淹程度也可能超出原先预期。

该研究小组现时仅考虑一个大冰原融化带来的后果，世界各地其他大冰原的融化也会产生类似的结果。

然而，这些模式都是假设整个南极西部冰盖会全部融化，但英国南极探测研究所的彼得·康维指出，情况未必如此悲观："人们都把注意力集中在6米这个数字，但实际情况未必如此。"

"未来的某一天，由于接连好几个世纪的全球气温的不断上升，南极和北极的冰雪都融化了。水面不断地提高，原先的大陆和岛屿相继被汪洋大海所吞没。陆上的生物几乎完全消失了。新出现的一种半人半鱼的统治生物在马里纳的领导下，与海盗斯摩克斯正在为泥土、淡水展开疯狂而惨烈的争斗……"

这是好莱坞的科幻作品《未来水世界》所展现给观众的场面。这部曾在世界电影史上创下投资最高纪录（2亿美元）的巨片，揭示的是全球气候变暖所造成的严重后果。片中出现的未来场面是否真有科学的依据，也许没人在意，但影片所提出的全球气候变暖趋势，却引起人们的深思。

1989年6月5日是"世界环境日"，这一天的主题便是"警惕，全球变暖"。而联合国环境规划署所确定的1991年"世界环境日"的主题是"气候变化——需要全球合作"。气候的变化确实已经成为限制人类生存和发展的重要因素，成为全球所关注的话题。

1. 北极会成为孤岛

北极地区气候变暖的速度是地球其他地区气候变暖速度的2倍，这对北极地区的生态系统构成了严重威胁。

温室效应引起的全球变暖会导致冰川融化已经不是新闻。但有的冰川在历史上经历过2次消融，这一点并不是人们能够预料到的。

科学家经过调查发现了在9.5万～7000年前曾覆盖大部分北美地区的劳伦泰冰盖快速消融过2次。研究人员通过研究岩石中的铍同位素来测定劳伦泰冰盖最后二次是如何消融的。他们发现此冰盖在9000～8500年前快速消融，之后处于稳定，再之后在7600～6800年前发生了最后的快速消融。此小组计算出此冰盖每一次融化期所释放出来的水量以及由此导致海平面上升的速度。他们得出在消融早期每100年应该导致海平面上升1.3米，而在最后消融时期，每100年应该导致海平面上升0.7米。

之后，科学家采用复杂的电脑模型——即常用于预测未来天气变化的模型来模拟在温暖世界中的冰原是如何快速消融的，又如何导致海平面上升的，以此来检验他们的计算结果。结果表明，此模型预测当时的海平面每100年上升了1.3米。

美国宇航局戈达德太空研究院的专家说："导致劳伦泰冰盖快速分裂的力量和同一电脑模型预测我们这个世纪将经历的这种力量相当，如果我们不尽快遏制温室气体的排放，劳伦泰冰盖快速消亡事件将可能重演。"

目前地球气候正在发生变化。英国布里斯托尔大学的教授表示，"劳伦泰冰盖应对以往气候变化的这种动态反应，可以认为与格陵兰冰原目前和未来的消融情况类似。然而，他们的工作表明格陵兰冰原未来消融将导致海平面每100年上升1米应该没有问题。"

有过这样的预测：冰川融化，北极成为孤岛，继而世界第二大冰川——北极的格陵兰冰川可能全部融化，海平面将上升7.5米。届时，包括伦敦在内的世界许多沿海城市、一些低地国家的大片地区将被淹没。这个预测结论看起来有些耸人听闻。究竟是怎么算出来的呢？

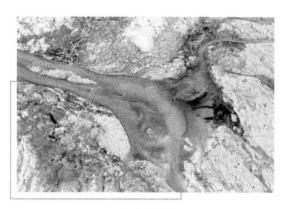

格陵兰冰川

计算的方法是这样：格陵兰岛是地球上最大的岛屿，面积达220万平方千米。90%的面积、约180万平方千米常年被冰雪覆盖，形成了格陵兰冰盖——世界最大的冰盖之一，该冰盖的平均厚度达2300米，与南极冰盖的平均厚度2400米相似。格陵兰岛上冰雪的总量约为300万立方千米，约占全球总冰量的9%，冻结的水量约等于世界冰盖冻结总水量的10%。如果这些冰量全部融化，全球海平面将上升7.5米。那么整个北极的冰盖融化的话，后果将不堪设想。

其实，这还不算厉害的。如果全球变暖导致南极冰盖全部融化的话，据说，海洋的海平面将会上升超过60米（南极州接近99%的大陆面积都被冰原所覆盖，其平均高度高达海拔2500米。南极冰原的平均深度大约有2000米，已被测量的最深深度约4700米。南极州拥有全世界91%的总冰量）。

温室效应对动植物的影响

科学家已发现生态系统正在发生越来越多的变化。在气候变化影响下，生物与生态系统在发生着多方面的变化。

生物的发育节律与物候现象出现了明显的变化，如植物的展叶期提前、开花期提前和枯黄落叶期推迟，生长季节延长，以及迁徙动物的迁徙时间改变等。

全球气候变暖对生物多样性的影响

全球性气候变暖并不是一个新现象。过去的 200 万年中，地球就经历了 10 个暖、冷交替的循环。在暖期，两极的冰帽融化，海平面比现今要高，物种分布向极地延伸，并迁移到高海拔地区。相反，在变化过程中，冰帽扩大，海平面下降，物种向着赤道的方向和低海拔地区移动。无疑，许多物种会在这个反复变化的过程中走向灭绝，现存物种即是这些变化过程后生存下来的产物。物种能够适应过去的变化，但它们能否适应由于人类活动而改变的未来气候呢？这是一个悬而未决的问题。但可以肯定的是，由于人为因素造成的全球变暖要比过去的自然波动要迅速得多，那么，这种变化对于生物多样性的影响将是巨大的。

由于气温持续升高，北温带和南温带气候区将向两极扩展。气候的变化必然导致物种迁移。然而依据自然扩散的速度计，许多物种似乎不能以高的迁移速度跟上现今气候的迅速变化。以北美东部落叶阔叶林的物种迁移率来比较即可了然。当最近的更新世的冰期过后，气温回升，树木以 10~40 千米/世纪速度的速度迁移回北美。而依照 21 世纪气温将升高 1.5℃~4.5℃的估计，树木将向北迁移 5000~10000 千米。显然要以自然状态下数十倍的速度进行扩散是不可能的。况且，由于人类活动造成的生境片断人只能使物种迁移率降低。所以，许多分布局限或扩散能力差的物种在迁移过程中无疑会走向灭绝。只有分布范围广泛、容易扩散的种类才能在新的生境中建立自己的群落。

1. 对热带雨林生物多样性的影响

热带雨林具有最大的物种多样性。虽然全球温度变化对热带的影响比对温带的影响要小得多。但是，气候变暖将导致热带降雨量及降雨时间的变化，此外森林大火、飓风也将会变得频繁。这些因素对物种组成、植物繁殖时间都将产生巨大影响，从而将改变热带雨林的结构组成。

一位长年在波多黎各雨林从事生物学研究的科学家感到有些异常：自

63

已长期以来一直在录音的潮水般的蛙鸣声，已变得稀稀拉拉。实际上，早在 1981 年，科学家就发现，雨林地区的青蛙和科奎鹧鸪等动物开始销声匿迹。对于这一问题，全球研究热带雨林青蛙等动物的专家也有同感，而南美和美洲中部地区热带雨林动物消亡的问题尤为突出。

热带雨林是地球上生物多样性最丰富的陆地生态系统，被誉为地球的基因库，地球上约 1000 万个物种中，有 200 万 ~ 400 万种都生存于热带、亚热带森林中。在亚马孙河流域的仅 0.08 平方千米左右的取样地块上，就可以得到 4.2 万个昆虫种类，亚马孙热带雨林中每平方千米不同种类的植物达 1200 多

雨林青蛙

种，地球上动植物的 1/5 都生长在这里。然而由于热带雨林的砍伐，那里每天都至少消失 1 个物种。

一些生物如巨嘴鸟只能从记载中知道它们曾经存在过。现在，地球上动植物物种消失的速度比过去 6500 万年前的任何时期要快 1000 倍，大约每天 100 个物种灭绝，20 世纪有 120 种哺乳动物消失了，9000 多种鸟类中的 139 种难寻其踪，有 600 种动物和 25000 种植物濒临绝境。由于对热带雨林无节制的开发利用，生物与基因多样性在持续下降。

在前面提到的对青蛙的研究中，科学家发现，从 1970 年到 2000 年，波多黎各热带雨林最低温度的平均值上升了 2℉，这对那些对气候敏感的两栖动物影响巨大。高温导致更多干旱气候，热带雨林高地的异常连锁反应也使破坏性很强的菌类植物加快繁殖，进而影响到青蛙等动物的生存。在波多黎各附近的岛屿上，17 种细趾蟾科动物中的 3 种已经灭绝，另有 7 ~ 8 种的数量已经开始下降。

此前，全球科学家一直警告说，青蛙种类的消亡和数量的下降对热带

雨林的影响后果严重，这不仅剥夺了那些以青蛙为食物的部分鸟类等动物的"口粮"，而且导致原本是青蛙美食的昆虫数量大增，扰乱了生态食物链秩序，也扰乱了热带雨林世界。

加上橡胶、咖啡等作物的适宜种植区正好是热带雨林气候区，为了牟取经济利益，人们大量砍伐森林种植橡胶、咖啡等经济作物，热带雨林特有的生态环境被人为改变，天然林难以恢复，生物多样性的丧失不可挽回。

以我国西双版纳雨林区种植的橡胶为例，橡胶林里没有灌木，林间几乎寸草不生，没有蝉鸣，也没有鸟叫。热带雨林特有的树木套叠，已不复存在，其生物多样性更是丧失殆尽。

橡胶林

天然林每减少 1 万亩，就使 1 个物种消失，并对另一个物种的生存环境构成威胁。与天然林相比，人工橡胶纯林的鸟类减少了 70% 以上，哺乳类动物减少 80% 以上，这种损失无法进行经济估算。

2. 对鸟类种群的影响

气候变暖将直接影响鸟类种群。鸟类学家认为由于气温升高，导致一系列恶劣气候频繁出现，将影响候鸟迁徙时间、迁徙路线、群落分布和组成。此外，气候变化导致各种生态群落结构改变，将间接影响鸟类的种群。

人类瘦身已经司空见惯，但鸟类"瘦身"难道也是为了追求漂亮吗？

那自然不是了，在环境的影响之下，有些鸟类不得不改变自身而去适应周围的环境。

全球变暖已经导致了澳大利亚的一些鸟类"瘦身"。

澳大利亚国立大学的一位生物学家带领的科研小组在测量博物馆中 8 种

澳大利亚鸟类标本后发现，过去1个世纪，栖息在澳大利亚东南部的鸟类体型缩小2%~4%。同一时期，澳大利亚的日平均温度上升0.7℃。研究人员认为，全球变暖可能促使鸟类向更小体型进化，因为瘦身后的体型更有助于散热。

墨尔本大学的动物学家认为，这项研究揭示了全球变暖的恶果，地球温度不断升高威胁到体型较大鸟类的生存。

此前的类似研究显示，英国、丹麦、以色列、新西兰的一些鸟类和哺乳动物也出现了"瘦身"趋势。

鸟类"瘦身"

全球气候变暖将严重威胁生物多样性，因为生命体无法承受这种快速相加的巨大变化。

薄冰上的北极熊

北极熊是那个茫茫无边的冰雪世界里无可争议的主宰者。它是北极的代表，在那里逛来逛去。作为"北极圈霸王"，北极熊在北极地区生活了几千年，然而随着全球变暖，它们的生活也不可避免地受到了影响。

1.溺水的北极熊

北极熊是声名远扬的超强游泳高手，它们是整天在浮冰上来往穿梭的行者。有谁会想到溺死事件会发生在它们身上，这简直是对北极熊的"嘲弄"。但这样的事实确实发生了。

2004年，美国科学家在波弗特湾发现了4只被溺死的北极熊。

北极熊是天生的游泳健将，它体形呈流线型，善游泳，熊掌宽大犹如双桨，因此在北冰洋那冰冷的海水里，它可以用两条前腿奋力前划，后腿并在一起，掌握着前进的方向，起着舵的作用，一口气可以畅游四五十千米。北极熊经常跋涉上千千米觅食，累了就在浮冰上休息。

北极熊溺水事件在当时是令人难以置信的。然而，无独有偶，2006年，英国斯哥特北极研究所负责人称又发现了两只溺水的北极熊。她说："我在斯瓦尔巴群岛以东的海面看到两只北极熊，一只看起来已经死了，另一只也奄奄一息。"北极熊通常在冰盖边缘处利用浮冰捕食，负责人说，这两只北极熊先前站在一块浮冰上，但冰块融化使它们溺水。亲历者的一面之

北极熊

辞可能还不足以带来震撼的效果，2008年，科学家在美国阿拉斯加西北海岸发现了9只正在海水中奋力挣扎的北极熊，并拍下了照片。

这9只北极熊是由美国矿产管理局的科学家发现的，当时他们正在阿拉斯加西北方的楚克奇海乘坐直升飞机进行海洋调查。科学家们发现这9只北极熊当时正在一处开阔的海域游泳，最远的一只离海岸已经有60英里了（1英里≈1.6千米）。科学家分析，北极熊可能是在一块浮冰上漂流过来的，现在正在游向陆地或者另一处海冰。而卫星影像显示，这附近海域的海冰几乎都已消失了。这意味着这些北极熊同样面临溺毙的威胁。

科学家将北极熊溺水事件归咎于北极冰盖的退缩——阿拉斯加海岸的海冰已向北撤退了260千米，这就意味着北极熊必须游过相当长的一段距离才能找到结实的冰层。

北极熊不是水生动物，它们的家在海冰上。在正常情况下，北极熊游四五十千米是可能的，但是要游50～100千米，它们恐怕就难以安全登岸了，还会有溺毙的危险。所以，善游泳的北极熊也是因为海中冰块分离开的长度超过了它们的游泳能力而被溺死的。而且，漫长的海上寻食路导致它们精疲力竭、体温降低、抵抗力相当虚弱，如果碰到海里的大风浪，就很容易被淹死在海里。

科学家认为，在北极，类似这样的北极熊被淹死的情况很普遍，因为近20多年来，随着北极冰层不断融化，被迫长途寻找食物的北极熊数目已经明显增多。如果未来北极的冰层进一步融化，北极熊死亡的事件或许还会增加。

2. "北极霸主"面临饥饿，被迫闯入居民区

全球气候变暖影响到了北极熊的生存环境。它们无奈被"逼上梁山"。

北极冰原由于气候变暖裂开形成小的冰岛，北极熊被困在岛上。它们很长时间找不到东西吃。失去大片赖以捕猎的浮冰后，它们冒险到人类居住的地方去捕食。

俄罗斯北方楚科奇半岛的居民就曾经因为北极熊的觅食活动而遭殃。有居民回顾，数十头饥饿难耐的北极熊将这个地区的居民区包围了起来，并不时地窜入居民区搜刮和寻找食物。由于北极熊属于食肉猛兽，因此，它们包围城市并出没于居住小区的行为给当地居民的生活带来了极大不便。许多居民都抱怨说，他们白天都不敢上街，生怕遇见这种体型巨大的北方猛兽。有些年长而没有亲属的人甚至抱怨说，他们已经一两个星期没敢去商店，现在家里贮备的食品基本都吃光了。

没有人敢去招惹这些饥肠辘辘的大家伙。北极熊不但力气大，奔跑速度也很惊人。北极熊全速奔跑时速度可达40千米/小时，如果它盯上了谁，无论是猎物还是人都根本无法逃脱它的魔掌。闻讯赶到的科学家发现，这些胆大妄为的家伙并不是天生的不法之徒，它们也是被"逼上梁山"的。这些北极熊似乎饿了一夏天，有的母熊甚至背着小熊崽在

饥饿的北极熊

当地的垃圾场里四处乱翻，寻找一切可吃的东西。

68

一名加拿大居民也和北极熊有过"亲密接触"。据他回忆，那天他与7岁的儿子一起外出，意外碰到一头北极熊。他为了保护儿子，奋起反击体重300多千克的北极熊。搏斗过程中，两次被熊掌扇倒在地，最终，一名猎人开枪击中北极熊，他们才侥幸脱险。

北极熊太饿了，尤其在漫长的无冰季节，它们根本无法获得食物，可怜的北极熊，曾经是北极的霸主，现在却面临着被饿死的威胁。科学家的调查研究显示，冰雪每提前融化1周，就会使北极熊的体重减少10千克。在加拿大东北部的哈德逊湾，气温每上升1℃，就会引起雌性北极熊的体重减少22千克，这直接影响北极熊的存活和成长。

珊瑚"娇"（礁）不再

从月球上看地球，唯一可见的生物活体就是大堡礁，它是现存最大的珊瑚礁，位于澳大利亚昆士兰州东部海域，全长2011千米，最宽处161千米。南端最远离海岸241千米，北端离海岸仅16千米。在礁群与海岸之间是一条极方便的交通海路。风平浪静时，游船在此间通过，船下连绵不断的多彩、多形的珊瑚景色，构成令人叹为观止的海底奇观。

这里除了珊瑚，还生活着1500多种热带鱼、4000多种软体动物、50多种棘皮动物和其他各种海洋"居民"，形成了一个复杂的珊瑚礁生态系统。当然，这些厚达几百米的礁体，不是短期内形成的，而是数以亿计的珊瑚虫历经几万年慢慢建成。从考古学家的研究成果中，我们得知，珊瑚礁已经在地球上存在了几亿年之久。然而，这一生态系统却遭遇重大冲击。

1997年是国际珊瑚礁年，1998年是国际海洋年，全球的珊瑚礁却在这两年面临了大量白化和死亡的空前危机。根据国际珊瑚礁学会的统计，全世界至少有50个国家的珊瑚礁发生大量白化的现象，珊瑚白化的范围非常广，遍及太平洋、印度洋及大西洋的主要珊瑚礁区，而且从潮间带一直延伸到水深20米处，几乎所有的石珊瑚和软珊瑚都遭殃，同时也波及海葵、海绵、海鞘等生物。许多地区从海面或从卫星影像上，就可清楚看出海底一大片惨白的景象，珊瑚严重白化的惨状，令人触目惊心。1998年的珊瑚礁白化事件，共导致全球16%的珊瑚礁死亡，经过10多年的观察，到目前

美丽的珊瑚礁

为止，这些死亡礁区也还没有回春。然而，更加耸人听闻的是，澳大利亚昆士兰大学海洋研究中心主任的一份长达350页的调查报告指出，大堡礁的珊瑚将会消失！此前，他应昆士兰旅游局及世界自然生物基金会的邀请，就海水温度上升对大堡礁的影响进行了2年研究。他的报告强调，这种消失命运几乎无可挽回，因为即使海水温度只上升1℃也会出现上述情况，而21世纪的海水温度估计将会上升2℃～6℃。目前没有证据显示珊瑚能迅速适应海水温度的上升，而依靠珊瑚生活的其他海洋生物也会随珊瑚的死亡而愈来愈少，甚至绝种。

报告说，按最乐观的假设，大部分珊瑚将于21世纪中期消失，只有大约不到5%的大堡礁珊瑚礁仍将存活，而那些生活在珊瑚群中的五颜六色的鱼类也将消失。海水温度上升令珊瑚褪色并死亡，取而代之的是大片不太吸引人的水草。

那么，是什么原因让珊瑚礁褪去了鲜艳的色彩？是什么导致了珊瑚铅华褪尽？那些色彩斑斓的珊瑚是否要从人类的眼前消失？

影响珊瑚白化的重要因子主要有海水温度的异常（过高或过低），太阳辐射与紫外线辐射，海水盐度的偏离，珊瑚疾病，海洋污染，长棘海星的爆发，人类的过度捕鱼和全球 CO_2 浓度升高等。其中，海洋表面水体温度的异常升高为珊瑚白化的主要因素。

珊瑚对生长环境有非常严格的要求，适合珊瑚生长的水温一般在18℃～30℃，最适水温为26℃～28℃。石珊瑚在16℃～17℃时就停止摄食，13℃时则将全部死亡。

很多室内研究表明32℃为珊瑚的亚致死温度，34℃为珊瑚的致死温度。

在34℃条件下，一般持续24小时后珊瑚即出现白化。

随着大气 CO_2 浓度的不断升高，在过去100年内很多热带水域水温升高了1℃，预计到2100年水温将再升高1℃～2℃。澳大利亚资深科学家预测到2050年，很多地方热带海域的水温每年中将有多次达到1998年那样的高温。

白化的珊瑚礁

由于海洋吸收大气中过量二氧化碳，海水正在逐渐变酸。这种变迁对海洋生态系统和依靠珊瑚礁旅游的海洋经济构成灾难性后果——现在还无法逆转。

对植物的影响

由于气候变化，山地生态系统正经历着一场植物群落的大"混搭"。随着地球高山上的温度变得越来越热，植物种群踏上了漫长的"搬家"之路——平均每10年向上转移10米。由于不同的植物迁移的速度存在差别，因此整个山坡植物群落的构成正在经历着变化，并且有可能向着绝灭的方向发展。

当全球变暖来临时，高山上的植物群和动物群特别容易受到影响，并且随着世代的延续，动植物生存范围的上下边界一直向山体的上端转移。法国巴黎科技研究院的植物生态学家通过分析长达1个世纪（1905～2005年）的不同植物的调查数据，绘制了171个物种的迁移地图。

总体来说，植物理想的生存范围已经上移了，并且速度很快。与全球平均温度的变化状况相比，这种向上的爬升与法国山地气温戏剧性的增加——在20世纪大约升高了0.6℃——有着惊人的吻合。除此之外，各种植物都在按照不同的步伐转移它们的生长范围；仅在高山上存在的物种——例如阿尔卑斯山野花——转移得最快，而一些能够在海拔较低的地区生长的物种——例如常见的桧属植物——则显得没有那么着急。同时，生命周期较短的植物——包括草和药草——要向上爬得快一些，将那些成熟缓慢的树木——例如银枞——远远地抛在了身后。研究人员断言，这种不同的迁移速度意味着气候变化正在"撕裂"山坡物种之间脆弱的联系。

2006年冬天对于俄罗斯的首都莫斯科来说是和以往不同的年份。

这一年莫斯科的气温持续走高，出现了多年不遇的暖冬气候。莫斯科气象部门12月15日公布的数据表明，当天日间莫斯科的气温高达8.6℃，创造了冬季气温的最高纪录。

俄罗斯气象局局长助理说，莫斯科冬天气温的反常不仅在于创下历史新高，而且高温天气持续的时间长。她说："这在莫斯科市有气温记载以来的120年中还是头一次。"

俄科学院地理研究所副所长指出，俄罗斯部分地区反常的暖冬天气导致动植物出现反常反应，应该冬眠的熊不钻入洞穴，仍然精力充沛。水鸟和长颈鹿也纷纷在露天里嬉戏，而通常在这个季节躲进温室中的灰狼和美洲豹也在室外活动。候鸟迟迟不飞往南部地区越冬，不少植物提前发芽甚至开花。

同时，莫斯科市还没有出现往年常见的雪景，公园内仍然绿草茵茵，灌木丛枝头抽出了幼芽，林中的树墩上也长出了一簇簇野生蘑菇。

1. 北移的植被带

预计至2030年，我国主要用材树种兴安落叶松适宜分布区的南界将北移0.1～2.7个纬度，北界、东界和西界的变化不大。至2030年，适宜面积约减少9%。林区内，小兴安岭中部适宜区将缩小约10%，大兴安岭西北部地区的适宜范围将增加。

生长在我国长白山、完达山和小兴安岭地区的珍贵用材树种红松，大约气温每增加1℃，最适分布区下限上升100～150米，上限上升150～200米，南界向北退缩1～2个纬度，使红松适生面积迅速减小。然而北纬50°以北地区在气温增加1℃～2℃时将变得有利于红松生长，西界略有向西扩张；但当温度升高3℃时，西界迅速东移至北纬45°以南，整个东北适宜红松稳定生长的区域就仅仅局限于长白山的部分山地。

油松是我国特有的针叶树种。气候变化后，整个油松极限分布区将出现不十分明显的北移，低海拔区域的油松所受的影响较大。当前气候条件下分布较连续的山区，将变成破碎的岛状分布。在东北区海拔高180～1260米，以及西南区570～1000米处，油松分布可能消失。到2030年适宜油松分布的面积将减少90%。

杉木是我国特有的重要用材树种。主要分布于南岭山地和雪峰山区，预计到2030年杉木的极限分布将有不同程度的变化，西界将明显东移0.2～2.3个经度，北界将南移0.1～0.9个纬度，南界将北移0.1～0.5个纬度，东界变化不大，适宜杉木生长的面积减少约2%。其中，杉木中心分布区将明显收缩，约减少8%的面积。

油 松

马尾松是我国南部森林面积最大、分布最广、数量最多的用材树种，在南方各省区的森林蓄积量中马尾松约占1/2。预计到2030年，极限分布范围北界将南移0.3～1.6个纬度，南界北移0.2～3.4个纬度，西界东移0.7～1.1个经度，东界变化不大，其中长江以南地区变化较大。适宜面积约减少9%。中心分布区将明显收缩，约减少13%。

珙桐为我国特有的珍贵树种，受第四纪冰川影响而濒于绝迹，仅在我国四川、重庆、湖北、贵州、云南等省份尚有幸存，预计到2030年分布区东界约西移0.2～1.3个经度，北界仅东段南移0.2～0.7个纬度，西界北段变化不大，仅中南段东移0.3～1.9个经度，南界变化不大。云南境内的珙桐变化较大，其北界约南移0.1～1.4个纬度；西部将呈星散状分布。气候变化后适宜分布面积约减少20%。

　　秃杉在四川、重庆、湖北、贵州、云南、西藏等省（自治区、直辖市），呈间断分布。预计到2030年，适宜秃杉分布的面积将有大幅度减少，减少的面积约为当前气候条件下适宜面积的57%。

　　总之，全球变暖将对我国植被的水平分布及垂直分布、面积、结构及生产力等产生很大影响。气候变化将改变植被的组成、结构及生物量，使森林的分布格局发生变化，生物多样性减少等等。据研究，到2030年，除云南松和红松分布面积有所增加（12%和3%）外，其他物种的面积均有所减少，减少幅度为2%~57%。

　　地球生态系统中物种之间的关系是非常微妙的，也是多种多样的。由于生物发育规律的改变，有可能使在长期进化中建立起来的物种间关系发生改变，使一些物种面临着灾难。英国有一项研究显示，大山雀是迁徙的鸟类，每年春季迁飞到英国进行繁殖，所依靠的食物是英国当地的春季开花结实的植物果实。由于近年来的气候增暖，当它迁飞到达英国时，那些植物早已开花结实，可供采食的果实大大减少，造成了这种鸟的种群数量在近年来急剧下降。所以，在气候变化的影响下，生物种要么适应气候变化而改变与其他物种的关系，要么面临着灭绝的风险。IPCC在第四次评估报告中认为，当温度再上升1℃~3℃，大约30%的物种面临着灭绝的风险。

74

温室效应与自然灾害

坏脾气"圣婴"——厄尔尼诺

"厄尔尼诺"一词来源于西班牙语，原意为"圣婴"。19世纪初，在南美洲的厄瓜多尔、秘鲁等西班牙语系的国家，渔民们发现，每隔几年，从10月至第二年的3月便会出现一股沿海岸南移的暖流，使表层海水温度明显升高。南美洲的太平洋东岸本来盛行的是秘鲁寒流，随着寒流移动的鱼群使秘鲁渔场成为世界四大渔场之一，但这股暖流一出现，性喜冷水的鱼类就会大量死亡，使渔民们遭受灭顶之灾。由于这种现象最严重时往往在圣诞节前后，于是，遭受天灾而又无可奈何的渔民将其称为上帝之子——"圣婴"。后来，在科学上此词语用于表示在秘鲁和厄瓜多尔附近几千千米的东太平洋海面温度的异常增暖现象。当这种现象发生时，大范围的海水温度可比常年高出3℃~6℃。太平洋广大水域的水温升高，改变了传统的赤道洋流和东南信风，导致全球性的气候反常。

厄尔尼诺现象的基本特征是太平洋沿岸的海面水温

"圣婴"——厄尔尼诺现象

异常升高，海水水位上涨，并形成一股暖流向南流动。它使原属冷水域的太平洋东部水域变成暖水域，结果引起海啸和暴风骤雨，造成一些地区干旱，另一些地区又降雨过多的异常气候现象。

探寻厄尔尼诺的规律

厄尔尼诺的全过程分为发生期、发展期、维持期和衰减期，历时一般1年左右，大气的变化滞后于海水温度的变化。

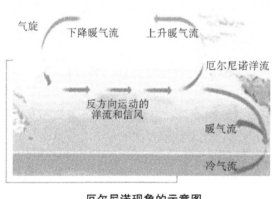

厄尔尼诺现象的示意图

在气象科学高度发达的今天，人们已经了解：太平洋的中央部分是北半球夏季气候变化的主要动力源。通常情况下，太平洋沿南美大陆西侧有一股北上的秘鲁寒流，其中一部分变成赤道海流向西移动，此时，沿赤道附近海域向西吹的季风使暖流向太平洋西侧积聚，而下层冷海水则在东侧涌升，使得太平洋西段菲律宾以南、新几内亚以北的海水温度渐渐升高，这一段海域被称为"赤道暖池"，同纬度东段海温则相对较低。对应这两个海域上空的大气也存在温差，东边的温度低、气压高，冷空气下沉后向西流动；西边的温度高、气压低，热空气上升后转向东流，这样，在太平洋中部就形成了一个海平面冷空气向西流，高空热空气向东流的大气环流（沃克环流），这个环流在海平面附近就形成了东南信风。但有些时候，这个气压差会低于多年平均值，有时又会增大，这种大气变动现象被称为"南方涛动"。20世纪60年代，气象学家发现厄尔尼诺和南方涛动密切相关，气压差减小时，便出现厄尔尼诺现象。厄尔尼诺发生后，由于暖流的增温，太平洋由东向西流的季风大为减弱，使大气环流发生明显改变。

20世纪60年代以后，随着观测手段的进步和科学技术的发展，人们发

现厄尔尼诺现象不仅出现在
南美等国沿海，而且遍及东
太平洋沿赤道两侧的全部海
域以及环太平洋国家；有些
年份，甚至印度洋沿岸也会
受到厄尔尼诺带来的气候异
常的影响，发生一系列自然
灾害。总的来看，它使南半
球气候更加干热，使北半球
气候更加寒冷潮湿。

厄尔尼诺现象导致的灾害

厄尔尼诺现象是周期性出现的，每隔 2 ~ 7 年出现一次。至 1997 年以来厄尔尼诺现象分别在 1976 ~ 1977 年、1982 ~ 1983 年、1986 ~ 1987 年、1991 ~ 1993 年和 1994 ~ 1995 年出现过 5 次。随着全球变暖，厄尔尼诺现象出现得越来越频繁。

由于科技的发展和世界各国的重视，科学家们对厄尔尼诺现象通过采取一系列预报模型、海洋观测和卫星侦察、海洋大气偶合等科研活动，深化了对这种气候异常现象的认识。①认识到厄尔尼诺现象出现的物理过程是海洋和大气相互作用的结果，即海洋温度的变化与大气相关联。所以在 20 世纪 80 年代后，科学家们把厄尔尼诺现象称之为"安索"现象。②热带海洋的增温不仅发生在南美智利海域，而且也发生在东太平洋和西太平洋。它无论发生在哪里时，都会迅速地导致全球气候的明显异常，它是气候变异的最强信号，会导致全球许多地区出现严重的干旱和水灾等自然灾害。

一般认为海温连续 3 个月正距平（某时间段的气温超过若干年或月平均值）在 0.5℃以上，即可认为是一次厄尔尼诺事件。当前据气象学家的研究普遍认为：厄尔尼诺事件的发生对全球不少地区的气候灾害有预兆意义，所以对它的监测已成为气候监测中一项重要的内容。

厄尔尼诺带来的灾害

据历史记载，自 1950 年以来，世界上共发生 13 次厄尔尼诺现象。其中

1997 年发生的并且持续至今的这一次最为严重。主要表现在：从北半球到南半球，从非洲到拉美，气候变得古怪而不可思议，该凉爽的地方骄阳似火，温暖如春的季节突然下起来大雪，雨季到来却迟迟滴雨不下，正值旱季却洪水泛滥。

从 1997 年 3 月起，热带中、东太平洋海面出现异常增温，至 7 月，海面温度已超过以往任何时候，由此引起的气候变化已在一些地区显露出来。多种迹象表明，赤道东太平洋的冷水期已经结束，开始向暖水期转换。科学家们由此认为，新一轮厄尔尼诺现象开始形成，并将持续到 1998 年。也正是从这一刻起，地球上的气候开始乱了套。

厄尔尼诺现象的影响

厄尔尼诺现象发生时，由于海温的异常增高，导致海洋上空大气层气温升高，破坏了大气环流原来正常的热量、水汽等分布的动态平衡。这一海气变化往往伴随着出现全球范围的灾害性天气：该冷不冷、该热不热，该天晴的地方洪涝成灾，该下雨的地方却烈日炎炎、焦土遍地。一般来说，当厄尔尼诺现象出现时，赤道太平洋中东部地区降雨量会大大增加，造成洪涝灾害，而澳大利亚和印度尼西亚等太平洋西部地区则干旱无雨。据不完全统计，20 世纪出现的厄尔尼诺现象有 17 次（包括最新一轮 1997～1998 年的厄尔尼诺现象）。发生的季节并不固定，持续时间短的为半年，长的一两年。强度也不一样，1982～1983 年那次较强，持续时间长达 2 年之久，使得灾害频发，造成大约 1500 人死亡和至少 100 亿美元的财产损失。

1982～1983 年，通常干旱的赤道东太平洋降水大增，南美西部夏季出现反常暴雨，厄瓜多尔、秘鲁、智利、巴拉圭、阿根廷东北部遭受洪水袭击，厄瓜多尔的降水比正常年份多 15 倍，洪水冲决堤坝，淹没农田，几十万人无家可归。在美国西海岸，加州沿海公路被淹没，内华达等5个州的洪水和泥石流巨浪高达9米。在太平洋西侧，澳大利亚由于干旱引起灌木林大火，造成多人死亡；印度尼西亚的东加里曼丹发生森林大火，并殃及马来西亚和新加坡；大火产生的烟雾使马来西亚空运中断，3个州被迫实行定量供水，新加坡的炎热是35年来最严重的。据统计，本次厄尔尼诺事件在世界范围造成的经济损失约为200亿美元。范围可达整个热带太平洋东部至中部。

我国1998年夏季长江流域的特大暴雨洪涝就与1997～1998年厄尔尼诺现象密切相关。当年厄尔尼诺强大的影响力一直从1997年上半年续待至1998年上半年。1998年全球年平均气温达到14.5℃，创下有现代气象记载以来的最高纪录；而我国那年也遭遇了历史罕见的特大洪水，那一年被称为20世纪最强烈的厄尔尼诺现象。

根据对近100年来太阳活动变化规律与厄尔尼诺关系的研究，科学家发现太阳黑子减少期到谷值期是厄尔尼诺的多发期，并有2～3次厄尔尼诺发生。

科学家们把那些季节升温十分激烈，大范围月平均海温高出常年1℃以后的年份才称为厄尔尼诺年。

"圣女"——拉尼娜

拉尼娜是指赤道太平洋东部和中部海面温度持续异常偏冷的现象（与厄尔尼诺现象正好相反），是气象和海洋界使用的一个新名词，意为"小女孩"，正好与意为"圣婴"的厄尔尼诺相反，也称为"反厄尔尼诺"或"冷事件"。

拉尼娜现象就是太平洋中东部海水异常变冷的情况，即海水表层温度低出气候平均值0.5℃以上，且持续时间超过6个月以上。东信风将表面被太阳晒热的海水吹向太平洋西部，致使西部比东部海平面增高将近60厘米，西部海水温度增高，气压下降，潮湿空气积累形成台风和热带风暴，东部底层海水上翻，致使东太平洋海水变冷。

太平洋上空的大气环流叫做沃尔克环流，当沃尔克环流变弱时，海水吹不到西部，太平洋东部海水变暖，就是厄尔尼诺现象；但当沃尔克环流变得异常强烈，就产生拉尼娜现象。一般拉尼娜现象会随着厄尔尼诺现象而来，出现厄尔尼诺现象的第二年都会出现拉尼娜现象，有时拉尼娜现象会持续两三年。1988～1989年，1998～2001年都发生了强烈的拉尼娜现象，1995～1996年发生的拉尼娜现象较弱。

厄尔尼诺和拉尼娜是赤道中、东太平洋海温冷暖交替变化的异常表现，这种海温的冷暖变化过程构成一种循环，在厄尔尼诺之后接着发生拉尼娜并非稀罕之事。同样拉尼娜后也会接着发生厄尔尼诺。但从1950年以来的记录来看，厄尔尼诺发生频率要高于拉尼娜。拉尼娜现象在当前全球气候变暖背景下频率趋缓，强度趋于变弱。特别是在20世纪90年代，1991～1995年曾连续发生了3次厄尔尼诺，但中间没有发生拉尼娜。

最近一次拉尼娜现象出现在1998年，持续到2000年春季趋于结束。厄尔尼诺与拉尼娜现象通常交替出现，对气候的影响大致相反，通过海洋与大气之间的能量交换，改变大气环流而影响气候的变化。从近50年的监测资料看，厄尔尼诺出现频率多于拉尼娜，强度也大于拉尼娜。

拉尼娜常发生于厄尔尼诺之后，但也不是每次都这样。厄尔尼诺与拉尼娜相互转变需要大约4年的时间。

中国海洋学家认为，中国在1998年遭受的特大洪涝灾害，是由"厄尔尼诺－拉尼娜现象"和长江流域生态恶化两大成因共同引起的。中国海洋学家和气象学家注意到，1998年在热带太平洋上出现的厄尔尼诺现象（我国附近海洋变冷）已在1个月内转变为一次拉尼娜现象（我国附近海水变暖）。这种从未有过的情况是长江流域降雨暴增的原因之一。这次厄尔尼诺使中国的气候也十分异常，1998年6～7月，江南、华南降雨频繁，长江流域、两湖盆地均出现严重洪涝，一些江河的水位长时间超过警戒水位，两广及云南部分地区雨量也偏多50%以上，华北和东北局部地区也出现涝情。拉尼娜也会造成气候异常。一般来说，由厄尔尼诺造成的大范围暖湿空气移动到北半球较高纬度后，遭遇北方冷空气，冷暖交换，形成降雨量增多。但到6月后，夏季到来，雨带北移，长江流域汛期应该结束。但这时拉尼娜出现了，南方空气变冷下沉，已经北移的暖湿流就退回填补真空。事实上，副热带高压在 7 月 10 日已到北纬 30°，又突然南退到北纬 18°，这种现象历史上从未见过。

"拉尼娜"是一种厄尔尼诺年之后的矫正过度现象。这种水文特征将使太平洋东部水温下降，出现干旱，与此相反的是西部水温上升，降水量比正常年份明显偏多。科学家认为："拉尼娜"这种水文现象对世界气候不会产生重大影响，但将会给广东、福建、浙江乃至整个东南沿海带来较多并持续一定时期的降雨。

拉尼娜现象对我国影响很严重

2000 年 9 月，美国国家航空航天局称，在过去的 3 年中，厄尔尼诺和拉尼娜引起天气异常。它们将不再影响热带地区，但其他地区还将受其影响。大西洋和太平洋的热带地区的气温和水位已经恢复到正常水平。太平洋中部的海水水位比正常值高 14～32 厘米，而白令海和阿拉斯加湾的水位却低于正常值 5～13 厘米。该局喷气推进实验室的海洋学家威廉·帕策尔特说，目前这种平静状况始于 3 个月前的拉尼娜的消逝。他认为全球气候系统已恢复到 3 年前的状态。

2008 年，持续了 1 年多的"厄尔尼诺"现象迅速消失后，"拉尼娜"随即登场了。

那么，拉尼娜究竟是怎样形成的？厄尔尼诺与赤道中、东太平洋海温的增暖、信风的减弱相联系，而拉尼娜却与赤道中、东太平洋海温度变冷、信风的增强相关联。因此，实际上拉尼娜是热带海洋和大气共同作用的产物。信风，是指低气中从热带地区刮向赤道地区的行风，在北半球被称为"东北信风"，南半球被称为"东南信风"，很久很久以前住在南美洲的西班牙人，利用这恒定的偏东风航行到东南亚开展商务活动。因此，信风又名贸易风。

海洋表层的运动主要受海表面风的牵制。信风的存在使得大量暖水被吹送到赤道西太平洋地区，在赤道东太平洋地区暖水被刮走，主要靠海面以下的冷水进行补充，赤道东太平洋海温比西太平洋明显偏低。当信风加强时，赤道东太平洋深层海水上翻现象更加剧烈，导致海表温度异常偏低，使得气流在赤道太平洋东部下沉，而气流在西部的上升运动更为加剧，有利于信风加强，这进一步加剧赤道东太平洋冷水发展，引发了拉尼娜现象。

拉尼娜现象的形成

拉尼娜同样对气候有影响。拉尼娜与厄尔尼诺"性格"相反，随着厄尔尼诺的消失，拉尼娜的到来，全球许多地区的天气与气候灾害也将发生转变。总体说来，拉尼娜并非性情十分温和，它也将可能给全球许多地区带来灾害，其气候影响与厄尔尼诺大致相反，但其强度和影响程度不如厄尔尼诺。

2007年上半年我国气候呈现出多样化趋势，气候专家经过研究分析，初步认为拉尼娜现象是影响我国上半年气候的主要原因。

国家气候中心研究专家认为，在拉尼娜现象影响下，赤道东太平洋水温偏低，东亚经向环流异常，造成入春以来我国北方地区偏北气流盛行，而东南暖湿气流相对较弱。于是，北方强寒潮大风频繁出现，而降雨量却持续偏少，气温也居高不下。

谈到沙尘暴出现的原因，专家认为，沙尘暴的形成及其规模取决于环境、气候两大因素，从环境上讲，日益严重的荒漠化问题不容忽视。但"无风不起浪"，从气候上讲，北方地区如果气温回升较快，偏高幅度达2℃~3℃，造成土壤解冻时间提前，干土层大量出现。这时，雨季尚未来临，在拉尼娜现象影响下，北方地区连续出现大风天气，土借风势，沙尘暴随即形成。

北方的高温少雨，也是人们的一个热门话题，2007年3~5月，全国平均气温创下1961年以来的同期最高，特别是北方地区气温持续偏高。从2月开始，长江以北大部地区降水持续偏少，连续4个月总降水量不足100

拉尼娜现象引发大风、寒潮

83

沙尘暴的形成也有拉尼娜的因素

毫米，华北、西北地区不足50毫米，较常年同期偏少50%以上，特别是2~4月，北方地区平均降水量仅23毫米，为建国以来最少。高温再加上少雨，使北方地区土壤墒情快速下降，形成了20世纪90年代以来最严重的春旱。

据统计，1992年以来，除1998年外，其他年份2~4月北方降水量一直在多年平均值以下，北方地区降水持续偏少，土壤底层墒情已经很差。这时，在拉尼娜现象影响下，我国北方地区偏北气流盛行，而东南暖湿气流相对较弱，再加上冷暖空气配合不利，此消彼长，一直没能在北方地区形成理想的降雨条件，由此出现了持续少雨干旱的天气。

专家在谈到我国整体气候特征和发展趋势时说，从近年来全球气候的走势看，普遍表现出多样化趋势，这主要是在全球气候变暖的大背景下，厄尔尼诺和拉尼娜现象交替作用的结果。在这种环境中，我国不可能成为风平浪静的"世外桃源"。国家气象部门正密切关注今后的大气气候变化，及时预报，尽可能减少灾害性气候带来的损失。

无情的旱灾

2009 年 2 月，美国加州州长施瓦辛格宣布遭受严重干旱的加州进入紧急状态，他要求加州居民减少 20% 的用水量。这次干旱的严重程度堪比一次强烈地震或一场严重山林大火。

连续 3 年干旱已经导致加州储水量降至 1992 年以来的最低点。尽管 2009 年 2 月份加州经历了数次暴雨，西南部内华达山脉的积雪和北加州水库蓄水量有所增加，但仍低于正常水平，不足以缓解全加州的严重干旱。

施瓦辛格在一份声明中要求，城市用水者需加大贮水力度，有关方面要削减绿化灌溉用水量，包括高速公路两侧的绿化用水。州长估计今年加州因干旱造成的直接经济损失接近 30 亿美元，其中农业损失高达 20 亿美元。

受气候特点影响，加州北部雨量较充沛，但人口稠密的中部和南部地区却干旱少雨。20 世纪中叶，加州实施"北水南调"工程，通过输送灌溉用水，干旱的中部山谷地区出现万顷良田，加州因此成为美国第一大农业州。

美国联邦农垦局官员宣布，由于水库蓄水量严重不足，只得停止向加州部分农业区供水。加州农业部门官员警告，干旱导致农场主被迫闲置农田，数以千计的农业工人被迫失业，干旱将导致农作物产量减少，灌溉成本增加，因此加州出产的粮食、蔬菜和水果等农产品价格将上涨。

洛杉矶市长维拉莱戈萨已经要求提高居民用水价格并限制户外绿化灌溉用水，以便应对即将到来的夏季用水高峰。加州水务官员估计，洛杉矶等南加州主要城市可能被迫实施居民用水配额制。1991 年，洛杉矶曾因严重干旱而实行过用水配额制。

那么，什么是旱灾呢？旱灾又是如何形成的呢？

旱灾指因气候严酷或不正常的干旱而形成的气象灾害。一般指因土壤水分不足，农作物水分平衡遭到破坏而减产或欠收从而带来粮食问题，甚至引发饥荒。同时，旱灾亦可令人类及动物因缺乏足够的饮用水而致死。

此外，旱灾后则容易发生蝗灾，进而引发更严重的饥荒，导致社会动荡。土壤水分不足，不能满足牧草等农作物生长的需要，造成较大的减产或绝产的灾害。旱灾是普遍性的自然灾害，不仅农业受灾，严重的还影响到工业生产、城市供水和生态环境。中国通常将农作物生长期内因缺水而影响正常生长称为受旱，受旱减产 30% 以上称为成灾。经常发生旱灾的地区称为易旱地区。

易旱的地区

旱灾的形成主要取决于气候。通常将年降水量少于 250 毫米的地区称为干旱地区，年降水量为 250～500 毫米的地区称为半干旱地区。世界上干旱地区约占全球陆地面积的 25%，大部分集中在非洲撒哈拉沙漠边缘、中东和西亚、北美西部、澳洲的大部和中国的西北部。这些地区常年降雨量稀少而且蒸发量大，农业主要依靠山区融雪或者上游地区来水，如果融雪量或来水量减少，就会造成干旱。世界上半干旱地区约占全球陆地面积的 30%，包括非洲北部一些地区、欧洲南部、西南亚、北美中部以及中国北方等。这些地区降雨较少，而且分布不均，因而极易造成季节性干旱，或者常年干旱甚至连续干旱。

中国大部分属于亚洲季风气候区，降水量受海陆分布、地形等因素影响，在区域间、季节间和多年间分布很不均衡，因此旱灾发生的时期和程度有明显的地区分布特点。秦岭淮河以北地区春旱突出，有"十年九春旱"之说。黄淮海地区经常出现春夏连旱，甚至春夏秋连旱，是全国受旱面积最大的区域。长江中下游地区主要是伏旱和伏秋连旱，有的年份虽在梅雨季节，还会因梅雨期缩短或少雨而形成干旱。西北大部分地区、东北地区西部常年受旱。西南地区春夏旱对农业生产影响较大，四川东部则经常出现伏秋旱。华南地区旱灾也时有发生。

旱灾在世界范围内有普遍性，波及范围最广、影响最为严重的一次旱灾，是20世纪60年代末期在非洲撒哈拉沙漠周围一些国家发生的大旱。20世纪80年代初期，遍及34个国家，近1亿人口遭受饥饿的威胁。1950～1986年我国平均每年受旱面积3亿亩，成灾1.1亿亩。干旱严重的1959～1961年、1972年、1978年和1986年全国受旱面积都超过4.5亿亩，且成灾面积超过1.5亿亩。1972年北方大范围少雨，春夏连旱，灾情严重，南方部分地区伏旱严重，全国受旱面积4.6亿亩，成灾2亿亩。1978年全国受旱范围广、持续时间长，旱情严重，一些省份1～10月的降水量比常年少30%～70%，长江中下游地区的伏旱最为严重，全国受旱面积6亿亩，成灾面积2.7亿亩，是有统计资料以来的最高值。

旱 灾

美国佛罗里达、路易斯安那、得克萨斯与新墨西哥等州，在1998年的4～6月遭遇104年来最为严重的干旱期；墨西哥极度干旱，有7个州先后发生了近百起森林火灾；巴拿马出现了近84年来最严重的干旱；2006年1至4月，非洲东部由于雨水不足，遭遇严重干旱，导致农作物颗粒无收，大量牲口死亡，饮用水短缺。我国海南省乐东县三曲沟水库，正常库容800万立方米，都已干涸。

防旱与抗旱

自然界的干旱是否造成灾害，受多种因素影响，对农业生产的危害程度则取决于人为措施。世界范围各国防止干旱的主要措施是：①兴修水利，发展农田灌溉事业；②改进耕作制度，改变作物构成，选育耐旱品种，充分利用有限的降雨；③植树造林，改善区域气候，减少蒸发，降低干旱风的危害；④研究应用现代技术和节水措施，例如人工降雨、喷滴灌、地膜覆盖、保墒，以及暂时利用质量较差的水源，包括劣质地下水以至海水等。

当洪水泛滥成灾——涝灾

2008 年 6 月美国艾奥瓦州迎来有史以来最大规模的洪水泛滥，艾奥瓦州为受灾最重地区。到 6 月 13 日，洪水已造成 3000 余户居民被迫撤离，至少 15 人死亡，经济损失预计达数十亿美元。艾州国土安全与紧急事务署称灾情"500 年一遇"。

锡达拉皮兹市是艾州受灾最重之地，总人口 12.4 万。洪水 12 日漫过当地一座防洪堤，迫使一所医院内 176 名病人紧急转移。洪水涌入市内，3000 多户锡达拉皮兹市市民离家逃往高处避险。至少 438 处民居遭水浸泡。

美国艾奥瓦州洪水泛滥

艾州州长切特·卡尔弗当天宣布，全州 99 个郡中有 83 个进入灾情状态；9 条主要河流水位超过历史最高水平。初步估计，这场灾难给艾州带来的损失将达数十亿美元。

州国土安全与紧急事务署发言人布雷特·沃里斯称，艾州应对洪水的工作迄今已持续 10 日，"我们认为这是一场 500 年一遇的洪灾"。

锡达拉皮兹市消防部门发言人戴维·科齐曾预测，作为密西西比河支流，锡达河水位 13 日将到达峰值，约为 9.7 米，将创下 157 年以来最高纪录。

锡达拉皮兹市已发生饮用水告急。消防部门发言人科齐说，市内原本有六七口井，如今只剩 1 口井可以使用。

人们在这口井附近堆起沙包以抵挡洪流，并用机器从井中抽取净水。"要是连这口井也无法使用，我们就会陷入麻烦。"科齐说。

87

与此同时，锡达拉皮兹市内大约5500名市民陷入停电危机。电力公司声称，正尽力保护电力设施免遭进一步破坏，而这些市民可能还得在黑暗中生活1星期左右。

洪灾暴发地点恰是美国大豆和玉米的重要产区。受灾情影响，这两种农产品期货价格上涨，令原本已经供求关系紧张的国际粮食市场再添阴云。

美联社说，芝加哥期货交易所7月交货的玉米期货价格13日涨至每蒲式耳（1蒲式耳＝35.238升）7.09美元，而7月交货的大豆期货价格收于每蒲式耳15.365美元。

什么是涝灾

什么是涝灾？涝灾就是由于本地降水过多，地面径流不能及时排除，农田积水超过作物耐淹能力，造成农业减产的灾害。造成农作物减产的原因是，积水深度过大，时间过长，使土壤中的空气相继排出，造成作物根部氧气不足，根系部呼吸困难，并产生乙醇等有毒有害物质，从而影响作物生长，甚至造成作物死亡。

洪涝灾害

涝灾的分类：

洪涝：洪涝灾害可分为洪水、涝害、湿害。

洪水：大雨、暴雨引起山洪暴发、河水泛滥、淹没农田、毁坏农业设施等。

涝害：雨水过多或过于集中或返浆水过多造成农田积水成灾。

湿害：洪水、涝害过后排水不良，使土壤水分长期处于饱和状态，作物根系缺氧而成灾。

洪涝灾害：在中国主要发生在长江、黄河、淮河、海河的中下游地区。

洪涝灾害：四季都可能发生。

春涝：在中国主要发生在华南、长江中下游、沿海地区。

夏涝：夏涝是我国的主要涝害，主要发生在长江流域、东南沿海、黄淮平原。

秋涝：多为台风雨造成，主要发生在中国东南沿海和华南地区。

洪涝灾害具有双重属性，既有自然属性，又有社会经济经济属性。它的形成必须具备两方面条件：①自然条件。洪水是形成洪水灾害的直接原因。只有当洪水自然变异强度达到一定标准，才可能出现灾害。主要影响因素有地理位置、气候条件和地形地势。②社会经济条件。只有当洪水发生在有人类活动的地方才能成灾。受洪水威胁最大的地区往往是江河中下游地区，而中下游地区因其水源丰富、土地平坦又常常是经济发达地区。

从洪涝灾害的发生机制来看，洪涝具有明显的季节性、区域性和可重复性。如我国长江中下游地区的洪涝几乎全部都发生在夏季，并且成因也基本上相同，而在黄河流域则有不同的特点。

同时，洪涝灾害具有很大的破坏性和普遍性。洪涝灾害不仅对社会有害，甚至能够严重危害相邻流域，造成水系变迁。并且，在不同地区均有可能发生洪涝灾害，包括山区、滨海、河流入海口、河流中下游以及冰川周边地区等。

但是，洪涝仍具有可防御性。人类不可能彻底根治洪水灾害，但通过各种努力，可以尽可能地缩小灾害的影响。

咆哮而来的沙尘暴

沙尘暴天气主要发生在春末夏初季节，这是由于冬春季干旱区降水甚少，地表异常干燥松散，抗风蚀能力很弱，在有大风刮过时，就会将大量沙尘卷入空中，形成沙尘暴天气。

从全球范围来看，沙尘暴天气多发生在内陆沙漠地区，源地主要有非

可怕的沙尘暴天气

洲的撒哈拉沙漠，北美中西部和澳大利亚也是沙尘暴天气的源地之一。1933～1937年由于严重干旱，在北美中西部就产生过著名的碗状沙尘暴。亚洲沙尘暴活动中心主要在约旦沙漠、巴格达与海湾北部沿岸之间的下美索不达米亚、阿巴斯附近的伊朗南部海滨，稗路支到阿富汗北部的平原地带。中亚地区的哈萨克斯坦、乌兹别克斯坦及土库曼斯坦都是沙尘暴频繁（≥15 次/年）影响区，但其中心在里海与咸海之间沙质平原及阿姆河一带。

我国西北地区由于独特的地理环境，也是沙尘暴频繁发生的地区，主要源地有古尔班通古特沙漠、塔克拉玛干沙漠、巴丹吉林沙漠、腾格里沙漠、乌兰布和沙漠、毛乌素沙漠等。

从 1999 年到 2002 年春季，我国境内共发生 53 次（1999 年 9 次，2000 年 14 次，2001 年 18 次，2002 年 12 次）沙尘天气，其中有 33 次起源于蒙古国中南部戈壁地区，换句话说，就是每年肆虐我国的沙尘，约有 60% 来自境外。分析表明：2/3 的沙尘天气起源于蒙古国南部地区，在途经我国北方时得到沙尘物质的补充而加强；境内沙源仅为 1/3 左右。发生在中亚（哈萨克斯坦）的沙尘天气，不可能影响我国西北地区东部乃至华北地区。新疆南部的塔克拉玛干沙漠是我国境内的沙尘天气高发区，但一般不会影响到西北地区东部和华北地区。

我国的沙尘天气路径可分为西北路径、偏西路径和偏北路径：①西北 1 路路径，沙尘天气一般起源于蒙古高原中西部或内蒙古西部的阿拉善高原，主要影响我国西北、华北；②西北 2 路路径，沙尘天气起源于蒙古国南部或内蒙古中西部，主要影响西北地区东部、华北北部、东北大部；③偏西路径，沙尘天气起源于蒙古国西南部或南部的戈壁地区、内蒙古西部的沙漠地区，主要影响我国西北、华北；④偏北路径，沙尘天气一般起源于蒙古国乌兰巴托以南的广大地区，主要影响西北地区东部、华北大部和东北南部。

沙尘暴天气成因

1. 土壤风蚀

通过实验，专家们发现，土壤风蚀是沙尘暴发生发展的首要环节。风是土壤最直接的动力，其中气流性质、风速大小、土壤风蚀过程中风力作用的相关条件等是最重要的因素。另外土壤含水量也是影响土壤风蚀的重要原因之一。植物措施是防治沙尘暴的有效方法之一。专家认为植物通常以3种形式来影响风蚀：分散地面上一定的风动量，减少气流与沙尘之间的传递；阻止土壤、沙尘等的运动。

此外，沙尘暴发生不仅是特定自然环境条件下的产物，而且与人类活动有对应关系。人为过度放牧、滥伐森林植被，工矿交通建设尤其是人为过度垦荒破坏地面植被，扰动地面结构，形成大面积沙漠化土地，直接加速了沙尘暴的形成和发育。

2. 大气环流

北京春天里发生沙尘暴的短暂一幕，只不过是中国北方连绵约30万平方千米的黄土高原在两三百万年中每年都要经历的天气过程，所不同的是，后者的风力更强，刮风的时间更长（可以持续几天），沙尘的来源并不是50米开外的十字路口，而是上百千米以外的沙漠和戈壁。

就如同上帝在玩一个匪夷所思的游戏：他把中国西北部和中亚地区沙漠和戈壁表面的沙尘抓起来往东南方向抛去，任凭沙尘落下的地方渐渐堆积起一块高地。这个游戏从大约240万年以前就开始了，上帝至今乐此不疲（2002年《自然》杂志发表了中国学者的最新研究成果，把其开始的时间推到了2200万年前）。

事实上，风就是上帝抛沙的那只手。

印度板块向北移动与亚欧板块碰撞之后，印度大陆的地壳插入亚洲大陆的地壳之下，并把后者顶托起来。从而喜马拉雅地区的浅海消失了，喜马拉雅山开始形成并渐升渐高，青藏高原也被印度板块的挤压作用隆升起来。这个过程持续6000多万年以后，到了距今大约240万年前，青藏高原已有2000多米高了。

地表形态的巨大变化直接改变了大气环流的格局。在此之前，中国大陆的东边是太平洋，北边的西伯利亚地区和南边喜马拉雅地区分别被浅海占据着，西边的地中海在当时也远远伸入亚洲中部，所以平坦的中国大陆大部分都能得到充足的海洋暖湿气流的滋润，气候温暖而潮湿。中国西北部和中亚内陆大部分为亚热带地区，并没有出现大范围的沙漠和戈壁。

然而东西走向的喜马拉雅山挡住了印度洋暖湿气团的向北移动，久而久之，中国的西北部地区越来越干旱，渐渐形成了大面积的沙漠和戈壁。这里就是堆积起了黄土高原的那些沙尘的发源地。体积巨大的青藏高原正好耸立在北半球的西风带中，240万年以来，它的高度不断增长着。青藏高原的宽度约占西风带的1/3，把西风带的近地面层分为南、北两支。南支沿喜马拉雅山南侧向东流动，北支从青藏高原的东北边缘开始向东流动，这支高空气流常年存在于3500～7000米的高空，成为搬运沙尘的主要动力。与此同时，由于青藏高原隆起，东亚季风也被加强了，从西北吹向东南的冬季风与西风急流一起，在中国北方制造了一个黄土高原。

在中国西北部和中亚内陆的沙漠和戈壁上，由于气温的冷热剧变，这里的岩石比别处能更快地崩裂瓦解，成为碎屑，地质学家按直径大小依次把它们分成砾（大于2毫米）、沙（2～0.05毫米）、粉沙（0.05～0.005毫米）、黏土（小于0.005毫米）。黏土和粉沙颗粒，能被带到3500米以上的高空，进入西风带，被西风急流向东南方向搬运，直至黄河中下游一带才逐渐飘落下来。

两三百万年以来，亚洲的这片地区从西北向东南搬运沙土的过程从来没有停止过，沙土大量下落的地区正好是黄土高原所在的地区，连五台山、太行山等华北许多山的顶上都有黄土堆积。当然，中国北部包括黄河在内的几条大河以及数不清的沟谷对地表的冲刷作用与黄土的堆积作用正好相反，否则的话，黄土高原一定不会是现在这样，厚度不超过 409.93 米。太行山以东的华北平原也是沙土的沉降区，但是这里是一个不断下沉的区域，同时又发育了众多河流，所以落下来的沙子要么被河流冲走，要么就被河流所带来的泥沙埋葬了。

中国古籍里有上百处关于"雨土"、"雨黄土"、"雨黄沙"、"雨霾"的记录，最早的"雨土"记录可以追溯到公元前 1150 年：天空黄雾四塞，沙土从天而降如雨。这里记录的其实就是沙尘暴。

雨土的地点主要在黄土高原及其附近。古人把这类事情看成是奇异的灾变现象，相信这是"天人感应"的一种征兆。晋代张华编的博物志中就记有："夏桀之时，为长夜宫于深谷之中，男女杂处，十旬不出听政，天乃大风扬沙，一夕填此空谷。"

1966～1999 年间，发生在我国的持续 2 天以上的沙尘暴竟达 60 次。中科院刘东生院士认为，黄土高原应该说是沙尘暴的一个实验室，这个实验室积累了过去几百万年以来沙尘暴的记录。中国西北部沙漠和戈壁的风沙漫天漫地洒过来，每年都要在黄土高原上留下一层薄薄的黄土。

沙尘暴天气的危害

沙尘暴的危害一是大风，二是沙尘。其影响主要表现在以下几个方面：

（1）风蚀土壤，破坏植被，掩埋农田。

（2）污染空气。国家环保总局的监测网显示，2002 年 3 月 20 日强沙尘暴当天，北京的落尘量达到了 20 克/平方米，总悬浮颗粒物达到了 11000 微克/立方米，超过了国家标准的十几倍，超过正常值的 100 倍。

（3）影响交通。沙尘暴对交通的影响主要表现为，一是降低能见度影响行车和飞机起降，如韩国 2002 年 3 月 22 日有 7 个机场被迫关闭，3 月 21 日约有 70 个航班被迫取消。二是沙尘掩埋路基，阻碍交通。据《华商报》报道，由于沙尘暴掩埋了部分铁路，造成乌鲁木齐开往西安的列车中途遇阻。

（4）影响精密仪器的生产和使用。

（5）危害人体健康。沙尘暴引起的健康损害是多方面的，皮肤、眼、鼻和肺是最先接触沙尘的部位，受害最重。皮肤、眼、鼻、喉等直接接触部位的损害主要是刺激症状和过敏反应，而肺部表现则更为严重和广泛。7 年前美国健康学家首先提出，细微污染颗粒与肺病和心脏病死亡之间存在关系。澳大利亚《时代报》称由于土壤被风蚀而引起的沙尘暴是导致该国 200 万人哮喘的元凶。

（6）引起天气和气候变化。沙尘暴影响的范围不仅涉及我国有些省份，而且影响到了韩国和日本。1998 年 9 月起源于哈萨克斯坦的一次沙尘暴，经过我国北部广大地区，并将大量沙尘通过高空输送到

沙尘暴天气的危害

北美洲；2001 年 4 月起源于蒙古的强沙尘暴掠过了太平洋和美国大陆，最终消散在大西洋上空。如此大范围的沙尘，在高空形成悬浮颗粒，足以影响天气和气候。因为悬浮颗粒能够反射太阳辐射从而降低大气温度。随着悬浮颗粒大幅度削弱太阳辐射（约10%），地球水循环的速度可能会变慢，降水量减少；悬浮颗粒还可抑制云的形成，使云的降水率降低，减少地球的水资源。可见，沙尘可能会使干旱加剧。

（7）生态环境的恶化。出现沙尘暴天气时狂风裹的沙石、浮尘到处弥漫，凡是经过地区空气浑浊，呛鼻迷眼，呼吸道等疾病人数增加。如 1993 年 5 月 5 日发生在金昌市的强沙尘暴天气，监测到的室外空气含尘量为 1016 毫米/立方厘米，室内为 80 毫米/立方厘米，超过国家规定的生活区内空气含尘量标准的 40 倍。

再看看下面的这些统计数据，让我们意识到防治沙尘暴的紧迫性：

全国有 1500 千米铁路、3 万千米公路和 5 万千米灌渠由于风沙危害造成不同程度的破坏。

近几年来，我国每年因风沙危害造成的直接经济损失达 540 亿元，相当

于西北 5 省区 1996 年财政收入的 3 倍。

科学家们做过推算，在一块草地上，刮走 18 厘米厚的表土，约需 2000 多年的时间；如在玉米耕作地上，刮走同样数量的表土需 49 年；而在裸露地上，则只需 18 年时间。

常年 4 ~ 5 月份正是我国北方沙尘暴高发期，请您密切关注天气预报，提前做好预防沙尘暴的准备。

沙尘暴防灾应急

（1）及时关闭门窗，必要时可用胶条对门窗进行密封。

（2）外出时要戴口罩，用纱巾蒙住头，以免沙尘侵害眼睛和呼吸道而造成损伤。应特别注意交通安全。

（3）机动车和非机动车应减速慢行，密切注意路况，谨慎驾驶。

（4）妥善安置易受沙尘暴损坏的室外物品。

（5）发生强沙尘暴天气时不宜出门，尤其是老人、儿童及患有呼吸道过敏性疾病的人。

（6）平时要做好防风防沙的各项准备。

积雪成灾

在 2008 年 1 月 10 日，雪灾在中国南方爆发了。严重的受灾地区有湖南、贵州、湖北、江西、广西北部、广东北部、浙江西部、安徽南部、河南南部。截至 2008 年 2 月 12 日，低温雨雪冰冻灾害已造成 21 个省（区、市、兵团）不同程度受灾，因灾死亡 107 人，失踪 8 人，紧急转移安置 151.2 万人，累计救助铁路公路滞留人员 192.7 万人；农作物受灾面积 1.77 亿亩，绝收 2530 亩；森林受损面积近 2.6 亿亩；倒塌房屋 35.4 万间；造成 1111 亿元人民币直接经济损失。

这次雪灾的天气成因是什么呢？形成大范围的雨雪天气过程，最主要的原因是大气环流的异常，尤其在欧亚地区的大气环流发生异常。

我们都知道，大气环流有着自己的运行规律，在一定的时间内，维持

2008 年我国的雪灾

一个稳定的环流状态。在青藏高原西南侧有一个低值系统，在西伯利亚地区维持一个比较高的高值系统，也就是气象上说的低压系统和高压系统。这两个系统在这两个地区长期存在，低压系统给我国的南方地区，主要是南部海区和印度洋地区，带来比较丰沛的降水。而来自西伯利亚的冷高压，向南推进的是寒冷的空气。很明显，正常情况下，冬季控制我国的主要是来自西伯利亚的冷空气，使得中国大部分地区干燥寒冷。

而在 2008 年 1 月，西南暖湿气流北上影响我国大部分地区，而北边的高压系统稳定存在，从西伯利亚地区不断向南输送冷空气，冷暖空气在长江中下游及以南地区就形成了一个交汇，冷空气密度比较大，暖空气就会沿着冷空气层向上滑升，这样暖湿气流所携带的丰富的水气就会凝结，形成雨雪的天气。由于这种冷暖空气异常地在这一带地区长时间交汇，导致中国南方大范围的雨雪天气持续时间就比较长。

实际上我国南方地区这 3 次雨雪天气过程，主要就是西南暖湿气流的 3 次加强，相应地出现了 3 次比较大的雨雪天气过程。

齐心协力抗雪灾

其中 2008 年 1 月 26 ~ 28 日的第三次大范围持续性雨雪天气过程强度强，再加上前两次的影响，因而造成了最严重的损失。

积雪的分类

雪灾亦称白灾，是因长时间大量降雪造成大范围积雪成灾的自然现象。它是中国牧区常发生的一种畜牧气象灾害，主要是指依靠天然草场放牧的畜牧业地区，由于冬半年降雪量过多和积雪过厚，雪层维持时间长，影响畜牧正常放牧活动的一种灾害。对畜牧业的危害，主要是积雪掩盖草场，且超过一定深度，有的积雪虽不深，但密度较大，或者雪面覆冰形成冰壳，牲畜难以扒开雪层吃草，造成饥饿，有时冰壳还易划破羊和马的蹄腕，造成冻伤，致使牲畜瘦弱，常常造成牧畜流产，崽畜成活率低，老弱幼畜饥寒交迫，死亡增多。同时还严重影响甚至破坏交通、通讯、输电线路等生命线工程，对牧民的生命安全和生活造成威胁。雪灾主要发生在稳定积雪地区和不稳定积雪山区，偶尔出现在瞬时积雪地区。中国牧区的雪灾主要发生在内蒙古草原、西北和青藏高原的部分地区。

根据我国雪灾的形成条件、分布范围和表现形式，将雪灾分为 3 种类型：雪崩、风吹雪灾害（风雪流）和牧区雪灾。

可怕的雪灾

雪灾的成因

雪灾是由积雪引起的灾害。根据积雪稳定程度，将我国积雪分为 5 种类型：

（1）永久积雪：降雪积累量大于当年消融量，积雪终年不化。

（2）稳定积雪（连续积雪）：空间分布和积雪时间（60 天以上）都比较连续的季节性积雪。

（3）不稳定积雪（不连续积雪）：虽然每年都有降雪，而且气温较低，

97

但在空间上积雪不连续，多呈斑状分布，在时间上积雪日数为 10~60 天，且时断时续。

（4）瞬间积雪：主要发生在华南、西南地区，这些地区平均气温较高，但在季风特别强盛的年份，因寒潮或强冷空气侵袭，发生大范围降雪，但很快消融，使地表出现短时（一般不超过 10 天）积雪。

（5）无积雪：除个别海拔高的山岭外，多年无降雪。雪灾主要发行在稳定积雪地区和不稳定积雪山区，偶尔出现在瞬时积雪地区。

积雪对牧草的越冬保温可起到积极的防御作用，旱季融雪可增加土壤水分，促进牧草返青生长。积雪又是缺水或无水冬春草场的主要水源，可以解决人畜的饮水问题。但是雪量过大，积雪过深，持续时间过长，则造成牲畜吃草困难，甚至无法放牧，而形成雪灾。

雪灾的分类

雪灾按其发生的气候规律可分为 2 类：猝发型和持续型。①猝发型雪灾发生在暴风雪天气过程中或以后，在几天内保持较厚的积雪对牲畜构成威胁。本类型多见于深秋和气候多变的春季。②持续型雪灾达到危害牲畜的积雪厚度随降雪天气逐渐加厚，密度逐渐增加，稳定积雪时间长。此型可从秋末一直持续到第二年的春季。

雪灾的指标是指人们通常用草场的积雪深度作为雪灾的首要标志。由于各地草场差异、牧草生长高度不等，因此形成雪灾的积雪深度是不一样的。雪灾的指标为：

（1）轻雪灾：冬春降雪量相当于常年同期降雪量的120%以上；

（2）中雪灾：冬春降雪量相当于常年同期降雪量的140%以上；

（3）重雪灾：冬春降雪量相当于常年同期降雪量的160%以上。

雪灾的指标也可以用其他物理量来表示，诸如积雪深度、密度、温度等，不过上述指标的最大优点是使用简便，且资料易于获得。

牧区雪灾的规律

根据调查材料分析，我国草原牧区大雪灾大致有 10 年一遇的规律。至

98

于一般性的雪灾，其出现次数就更为频繁了。据统计，西藏牧区大致 2 ~ 3 年一次，青海牧区也大致如此。

新疆牧区，因各地气候、地理差异较大，雪灾出现频率差别也大，阿尔泰山区、准葛尔西部山区、北疆沿天山一带和南疆西部山区的冬牧场和春秋牧场，雪灾频率达 50% ~ 70%，即在 10 年内有 5 ~ 7 年出现雪灾。其他地区在 30% 以下。雪灾高发区，也往往是雪灾严重区，如阿勒泰和富蕴两地区，雪灾频率高达 70%，重雪灾高达 50%。反之，雪灾频率低的地区往往是雪灾较轻的地区，如温泉地区雪灾出现频率仅为 5%，且属轻度雪灾。但不管哪个牧区，大雪灾都很少有连年发生的现象。

雪灾发生的时段，冬雪一般始于 10 月，春雪一般终于 4 月。危害较重的，一般是秋末冬初大雪形成的所谓"坐冬雪"。随后又不断有降雪过程，使草原积雪越来越厚，以致危害牲畜的积雪持续整个冬天。

有关雪灾的防范

农业生产防雪灾的 5 条措施：

（1）要及早采取有效防冻措施，抵御强低温对越冬作物的侵袭，特别是要防止持续低温对旺苗、弱苗的危害。

（2）加强对大棚蔬菜和在地越冬蔬菜的管理，防止连阴雨雪、低温天气的危害，雪后应及时清除大棚上的积雪，既减轻塑料薄膜压力，又有利于增温透光；同时加强各类冬季蔬菜、瓜果的储存管理。

（3）要趁雨雪间隙及时做好"三沟"的清理工作，降湿排涝，以防连阴雨雪天气造成田间长期积水，影响麦菜根系生长发育。同时要加强田间管理，中耕松土，铲除杂草，提高其抗寒能力。做好病虫害的防治工作。

（4）及时给麦菜盖土，提高御寒能力，若能用猪牛粪等有机肥覆盖，保苗越冬效果更好。

（5）要做好大棚的防风加固，并注意棚内的保温、增温，减少蔬菜病害的发生，保障春节蔬菜的正常供应。

空中降下冰块——冰雹

2005 年我国云南省昭通市昭阳区、鲁甸县发生特大冰雹灾害，直径 0.5~2.5 厘米不等的大小冰雹从天而降，持续 30 分钟左右，致使昭阳区 21 个乡镇、4 个办事处以及鲁甸县茨院、桃源、新街、小寨 4 乡不同程度受灾。

地里的育秧棚被打成了鱼网状，蒜苗、豌豆、辣椒等农作物全部被打蔫——蚕豆被打得从壳里掉了出来，烤烟苗刚发出的嫩叶被打成了碎片，白菜叶上全是核桃般大小的窟窿。尤其让人惨不忍睹的是那一园一园的苹果树，叶子已经支离破碎，树干被砸伤，树枝被砸断，树皮被打裂。正是处于挂果最关键的季节，这些苹果树遭到了灭顶之灾！

这次冰雹灾持续时间之长，涉及面之广，造成损失之重，实属昭通近20 年罕见的一次冰雹灾害。

冰雹灾害

据统计，这次冰雹灾造成昭阳区 45882.9 亩优质苹果绝收，昭阳区仅苹果产业一项的损失预计将超过 7000万元。

冰雹也叫"雹"，俗称雹子，有的地区叫"冷子"，夏季或春夏之交最为常见。它是一些小如绿豆、黄豆，大似栗子、鸡蛋的冰粒。我国除广东、湖南、湖北、福建、江西等省冰雹较少外，各地每年都会受到不同程度的雹灾，尤其是北方的山区及丘陵地区，地形复杂，天气多变，冰雹多，受害重，对农业危害很大。猛烈的冰雹打毁庄稼，损坏房屋，人被砸伤、牲畜被砸死的情况也常常发生；特大的冰雹甚至能比柚子还大，会致人死亡、毁坏大片农田和树木、摧毁建筑物和车辆等，具有强大的杀伤力。

冰雹是一种固态降水物。系圆球形或圆锥形的冰块，由透明层和不透明层相间组成。直径一般为 5～50 毫米，最大的可达 10 厘米以上。雹的直径越大，破坏力就越大。冰雹常砸坏庄稼，威胁人畜安全，是一种严重的自然灾害。冰雹来自对流特别旺盛的对流云（积雨云）中。云中的上升气流要比一般雷雨云强，小冰雹是在对流云内

冰　雹

由雹胚上下数次和过冷水滴碰并而增长起来的，当云中的上升气流支托不住时就下降到地面。大冰雹是在具有一支很强的斜升气流、液态水的含量很充沛的雷暴云中产生的。每次降雹的范围都很小，一般宽度为几米到几千米，长度为 20～30 千米，所以民间有"雹打一条线"的说法。冰雹主要发生在中纬度大陆地区，通常山区多于平原，内陆多于沿海。中国的降雹多发生在春、夏、秋三季，4～7 月约占发生总数的 70%。比较严重的雹灾区有甘肃南部、陇东地区、阴山山脉、太行山区和川滇两省的西部地区。

冰雹灾害是由强对流天气系统引起的一种剧烈的气象灾害，它出现的范围虽然较小，时间也比较短促，但来势猛、强度大，并常常伴随着狂风、强降水、急剧降温等阵发性灾害性天气过程。中国是冰雹灾害频繁发生的国家，冰雹每年都给农业、建筑、通讯、电力、交通以及人民生命财产带来巨大损失。据有关资料统计，我国每年因冰雹所造成的经济损失达几亿元甚至几十亿元。因此，我们很有必要了解冰雹灾害时空动荡格局以及冰雹灾害所造成的损失情况，从而更好地防治冰雹灾害，减少经济损失。

冰雹的形成

冰雹和雨、雪一样都是从云里"掉"下来的。不过下冰雹的云是一种

发展十分强盛的积雨云，而且只有发展特别旺盛的积雨云才可能降冰雹。积雨云和各种云一样，都是由地面附近空气上升凝结形成的。空气从地面上升，在上升过程中气压降低，体积膨胀，如果上升空气与周围没有热量交换，由于膨胀消耗能量，空气温度就要降低，这种温度变化称为绝热冷却。根据计算，在大气中空气每上升 100 米，因绝热变化会使温度降低 1℃ 左右。在一定温度下，空气中容纳水汽有一个限度，达到这个限度就称为"饱和"，温度降低后，空气中可能容纳的水汽量就要降低。因此，原来没有饱和的空气在上升运动中由于绝热冷却可能达到饱和，空气达到饱和之后过剩的水汽便附着在飘浮于空中的凝结核上，形成水滴。当温度低于 0℃ 时，过剩的水汽便会凝华成细小的冰晶。这些水滴和冰晶聚集在一起，飘浮于空中便成了云。大气中有各种不同形式的空气运动，形成了不同形态的云。因对流运动而形成的云有淡积云、浓积云、积雨云等，人们把它们统称为积状云。它们都是一块块孤立向上发展的云块，因为在对流运动中有上升运动和下沉运动，往往在上升气流区形成了云块，而在下沉气流区就成了云的间隙，有时可见蓝天。

积状云因对流强弱不同出一辙形成各种不同云状，它们的云体大小悬殊很大。如果云内对流运动很弱，上升气流达不到凝结高度，就不会形成云，只有干对流。如果对流较强，可以发展形成浓积云，浓积云的顶部像椰菜，由许多轮廓清晰的凸起云泡构成，云厚可以达 4~5 千米。如果对流运动很猛烈，就可以形成积雨云，云底黑沉沉，云顶发展很高，可达 10 千米左右，云顶边缘变得模糊起来，云顶还常扩展开来，形成砧状。一般积雨云可能产生雷阵雨，而只有发展特别强盛的积雨云，云体十分高大，云中有强烈的上升气体，云内有充沛的水分，才会产生冰雹，这种云通常也称为冰雹云。

冰雹云是由水滴、冰晶和雪花组成的。一般为 3 层：①最下面一层温度在 0℃ 以上，由水滴组成；②中间温度为 −20℃~0℃，由过冷却水滴、冰晶和雪花组成；③最上面一层温度在 −20℃ 以下，基本上由冰晶和雪花组成。

在冰雹云中气流是很强盛的，通常在云的前进方向，有一股十分强大的上升气流从云底进入又从云的上部流出；还有一股下沉气流从云后方中层流入，从云底流出。这里也就是通常出现冰雹的降水区。这两股有组织上升与下沉气流与环境气流连通，所以一般强雹云中气流结构比较持续。强烈的上升气流不仅给雹云输送了充分的水汽，并且支撑冰雹粒子停留在云中，使它长到相当大才降落下来。

冰雹和雨、雪一样，都是从云里掉下来的，它是从积雨云中降落下来的一种固态降水。

冰雹的形成需要以下几个条件：①大气中必须有相当厚的不稳定层存在。②积雨云必须发展到能使个别大水滴冻结的高度（一般认为温度达 $-16℃ \sim -12℃$）。③要有强的风切变。④云的垂直厚度不能小于 $6 \sim 8$ 千米。⑤积雨云内含水量丰富。一般为 $3 \sim 8$ 克/立方米，在最大上升速度的上方有一个液态过冷却水的累积带。⑥云内应有倾斜的、强烈而不均匀的上升气流，一般在 $10 \sim 20$ 米/秒以上。

在冰雹云中冰雹又是怎样长成的呢？

在冰雹云中强烈的上升气流携带着许多大大小小的水滴和冰晶运动着，其中有一些水滴和冰晶并合冻结成较大的冰粒，这些粒子和过冷水滴被上升气流输送到含水量累积区，就可以成为冰雹核心，这些冰雹初始生长的核心在含水量累积区有着良好生长条件。雹核在上升气流携带下进入生长区后，在水量多、温度不太低的区域与过冷水滴碰并，长成一层透明的冰层，再向上进入水量较少的低温区，这里主要由冰晶、雪花和少量过冷水滴组成，雹核与它们黏并冻结就形成一个不透明的冰层。这时冰雹已长大，而那里的上升气流较弱，当它支托不住增长大了的冰雹时，冰雹便在上升气流里下落，在下落中不断地并合冰晶、雪花和水滴而继续生长，当它落到较高温度区时，碰并上去的过冷水滴便形成一个透明的冰层。这时如果落到另一股更强的上升气流区，那么冰雹又将再次上升，重复上述的生长过程。这样冰雹就一层透明一层不透明地增长；由于各次生长的时间、含水量和其他条件的差异，所以各层厚薄及其他特点也各有不同。最后，当上升气流支撑不住冰雹时，它就从云中落了下来，成为冰雹。

冰雹的特征

总的说来，冰雹有以下几个特征：

（1）局地性强。每次冰雹的影响范围一般宽约几十米到数千米，长约数百米到10多千米。

（2）历时短。一次狂风暴雨或降雹时间一般只有2~10分钟，少数在30分钟以上。

（3）受地形影响显著。地形越复杂，冰雹越易发生。

（4）年际变化大。在同一地区，有的年份连续发生多次，有的年份发生次数很少，甚至不发生。

（5）发生区域广。从亚热带到温带的广大气候区内均可发生，但以温带地区发生次数为多。

冰雹的危害

冰雹灾害是由强对流天气系统引起的一种剧烈的气象灾害，它出现的范围虽然较小，时间也比较短促，但来势猛、强度大，并常常伴随着狂风、强降水、急剧降温等阵发性灾害性天气过程。中国是冰雹灾害频繁发生的国家，冰雹每年都给农业、建筑、通讯、电力、交通以及人民生命财产带来巨大损失。据有关资料统计，我国每年因冰雹所造成的经济损失达几亿元甚至几十亿元。

许多人在雷暴天气中曾遭遇过冰雹，通常这些冰雹最大不会超过垒球大小，它们从暴风雨云层中落下。然而，有的时候冰雹的体积却很大，曾经有128千克的冰雹从天空中降落，当它们落在地面上会分裂成许多小块。最神秘的是天空无云层状态下巨大的冰雹从天垂直下落，曾有许多事件证实飞机机翼遭受冰雹袭击，目前，科学家仍无法解释为什么会出现如此巨大的冰雹。

气旋性风暴——台风

2009年我国受到台风"莫拉克"的强烈影响。"莫拉克"登陆台湾时近中心最大风力达 13 级（40 米/秒）；再次登陆福建霞浦时中心附近最大风力仍达 12 级（33 米/秒）。莫拉克给我国多省市带来狂风暴雨。受台风"莫拉克"环流影响，福建、浙江沿海等地出现了 10～12 级、局部 13～15 级的大风，给我国经济造成了重大的损失。

台风（或飓风）是产生于热带洋面上的一种强烈热带气旋。只是随着发生地点不同，叫法不同。印度洋和在北太平洋西部、国际日期变更线以西，包括南中国海范围内发生的热带气旋称为"台风"；而在大西洋或北太平洋东部的热带气旋则称"飓风"。也就是说，台风在欧洲、北美一带称"飓风"；在东亚、东南亚一带称为"台风"；在孟加拉湾地区被称做"气旋性风暴"；在南半球则称"气旋"。

台风经过时常伴随着大风和暴雨或特大暴雨等强对流天气。风向在北半球地区呈逆时针方向旋转（在南半球则为顺时针方向）。在气象图上，台风的等压线和等温线近似为一组同心圆。台风中心为低压中心，以气流的垂直运动为主，风平浪静，天气晴朗；台风眼附近为漩涡风雨区，风大雨大。

有史以来强度最高、中心附近气压值最低的台风，是超强台风泰培。日本 1979 年的大范围洪灾就是由这个台风造成的。

"台风"（typhoon）一词的来源

typhoon 在美语中指发生在西太平洋或印度洋的热带暴风。若追溯其语源，也许很少有单词能像 typhoon 一样表明汉语、阿拉伯语、东印度语和希腊语的多国语言背景。希腊单词 typhon 既是风神的姓名，又是意为"旋风，台风"的普通名词，被借入到阿拉伯语（就像在中世纪时许多希腊

台风莫拉克

温室效应

语单词进入阿拉伯语一样，那时，阿拉伯人的学问保存了古典的风格，同时在把它传向欧洲时又有所扩充）。Tufan，希腊语的阿拉伯语形式，传入到了印度人使用的语言，11 世纪时讲阿拉伯语的穆斯林在印度定居下来。这样，阿拉伯语单词的衍生，从印度语言进入英语（最早记载于 1588 年），并以如 touffon 和 tufan 的形式出现于英语中，最先特指印度的猛烈风暴。在中国，给了热带风暴的另一个单词——台风。汉语单词的广东话形式 toifung 同我们的阿拉伯语借用词相近，最早以 tuffoon 的形式于 1699 年载入英语。各种形式合并在一起最后变成了 typhoon。

台风的形成

热带海面受太阳直射而使海水温度升高，海水蒸发成水汽升空，而周围的较冷空气流入补充，然后再上升，如此循环，终必使整个气流不断扩大而形成"风"。由于海面之广阔，气流循环不断加大直径乃至有数千米。由于地球由西向东高速自转，致使气流柱和地球表面产生摩擦，由于越接近赤道摩擦力越强，这就引导气流柱逆时针旋转（南半球系顺时针旋转），由于地球自转的速度快而气流柱跟不上地球自转的速度而形成感觉上的西行，这就形成我们现在说的台风和台风路径。台风的中心就在我们目前看到的风向成"丁"字形的位置，根据风向和风速就不难判断出台风中心的距离和走向了。根据我们 40 年观测台风来临前的行云方向，判断台风是否从本地经过，基本上全部准确。准确性有好多次竟先于本地的预报。当近地面最大风速到达或超过 17.2 米/秒时，我们就称它为台风。

在海洋面温度超过 26℃以上的热带或副热带海洋上，由于近洋面气温高，大量空气膨胀上升，使近洋面气压降低，外围空气源源不断地补充流入上升去。受地转偏向力的影响，流入的空气旋转起来。而上升空气膨胀变冷，其中的水汽冷却凝结形成水滴时，要放出热量，又促使低层空气不断上升。这样近洋面气压下降得更低，空气旋转得更加猛烈，最后形成了台风。

如此巨大的庞然大物，其产生必须具备特有的条件：

（1）要有广阔的高温、湿润的大气。热带洋面上的底层大气的温度和湿度主要决定于海面水温，台风只能形成于海温高于 26℃~27℃暖洋面上，而且在 60 米深度内的海水水温都要高于 26℃ ~ 27℃。

（2）要有低层大气向中心辐合、高层向外扩散的初始扰动。而且高层辐散必须超过低层辐合，才能维持足够的上升气流，低层扰动才能不断加强。

（3）垂直方向风速不能相差太大，上下层空气相对运动很小，才能使初始扰动中水汽凝结所释放的潜热能集中保存在台风眼区的空气柱中，形成并加强台风暖中心结构。

（4）要有足够大的地转偏向力作用，地球自转作用有利于气旋性涡旋的生成。地转偏向力在赤道附近接近于 0，向南北两极增大，台风基本发生在大约离赤道 5 个纬度以上的洋面上。

台风的灾害

台风是一种破坏力很强的灾害性天气系统，但有时也能起到消除干旱的有益作用。其危害性主要有 3 个方面：

（1）大风。台风中心附近最大风力一般为 8 级以上。

（2）暴雨。台风是最强的暴雨天气系统之一，在台风经过的地区，一般能产生

风暴潮

150 ~ 300 毫米降雨，少数台风能产生 1000 毫米以上的特大暴雨。

（3）风暴潮。一般台风能使沿岸海水产生增水，江苏省沿海最大增水可达 3 米。"9608"和"9711"号台风增水，使江苏省沿江沿海出现超历史的高潮位。

关于台风的防范

（1）千万别下海游泳。台风来时海滩助潮涌，大浪极其凶猛，在海滩游泳是十分危险的，所以千万不要去下海。

（2）受伤后不要盲目自救，请拨打"120"。台风中外伤、骨折、触电等急救事故最多。外伤主要是头部外伤，被刮倒的树木、电线杆或高空坠落物如花盆、瓦片等击伤。电击伤主要是被刮倒的电线击中，或踩到掩在树木下的电线。不要打赤脚，穿雨靴最好，防雨同时起到绝缘作用，预防触电。走路时观察仔细再走，以免踩到电线。通过小巷时，也要留心，因为围墙、电线杆倒塌的事故很容易发生。高大建筑物下注意躲避高空坠物。发生急救事故，先打"120"，不要擅自搬动伤员或自己找车急救。搬动不当，对骨折患者会造成神经损伤，严重时会发生瘫痪。

（3）请尽可能远离建筑工地。居民经过建筑工地时最好稍微保持点距离，因为有的工地围墙经过雨水渗透，可能会松动；还有一些围栏，也可能倒塌；一些散落在高楼上没有及时收集的材料，譬如钢管、榔头等，说不定会被风吹下；而有塔吊的地方，更要注意安全，因为如果风大，塔吊臂有可能会折断。还有些地方正在进行建筑立面整治，人们在经过脚手架时，最好绕行，不要往下面走。

（4）一定要出行，建议乘坐火车。在航空、铁路、公路三种交通方式中，公路交通一般受台风影响最大。如果一定要出行，建议不要自己开车，可以选择坐火车。

（5）为了自己和他人安全，请检查家中门窗阳台。台风来临前应将阳台、窗外的花盆等物品移入室内，切勿随意外出，家长关照自己孩子，居民用户应把门窗捆紧栓牢，特别应对铝合金门窗采取防护，确保安全。市民出行时请注意远离迎风门窗，不要在大树下躲雨或停留。

地球上最快最猛的强风——龙卷风

龙卷风是一种强烈的、小范围的空气涡旋，是在极不稳定天气下由空气强烈对流运动而产生的，由雷暴云底伸展至地面的漏斗状云（龙卷）产生的强烈的旋风，其风力可达12级以上，最大可达100米/秒以上，一般伴有雷雨，有时也伴有冰雹。

空气绕龙卷的轴快速旋转，受龙卷中心气压极度减小的吸引，近地面几十米厚的一薄层空气内，气流被从四面八方吸入涡旋的底部，并随即变为绕轴心向上的涡流。龙卷中的风总是气旋性的，其中心的气压可以比周围气压低10%。

龙卷风是一种伴随着高速旋转的漏斗状云柱的强风涡旋，其中心附近风速可达100~200米/秒，最大300米/秒，比台风（产生于海

龙卷风

上）近中心最大风速大好几倍。中心气压很低，一般可低至400hPa（百帕，气压单位），最低可达200hPa。它具有很大的吸吮作用，可把海（湖）水吸离海（湖）面，形成水柱，然后同云相接，俗称"龙取水"。由于龙卷风内部空气极为稀薄，导致温度急剧降低，促使水汽迅速凝结，这是形成漏斗云柱的重要原因。漏斗云柱的直径，平均只有250米左右。龙卷风产生于强烈不稳定的积雨云中。它的形成与暖湿空气强烈上升、冷空气南下、地形作用等有关。它的生命史短暂，一般维持十几分钟到一两小时，但其破坏力惊人，能把大树连根拔起、建筑物吹倒，或把部分地面物卷至空中。中国的江苏省每年几乎都有龙卷风发生，但发生的地点没有明显规律。出现的时间，一般在6~7月间，有时也发生在8月上中旬。

龙卷风的形成

龙卷风这种自然现象是云层中雷暴的产物。具体地说，龙卷风就是雷暴巨大能量中的一小部分在很小的区域内集中释放的一种形式。龙卷风的形成可以分为4个阶段：

（1）大气的不稳定性产生强烈的上升气流，由于急流中的最大过境气流的影响，它被进一步加强。

（2）由于与在垂直方向上速度和方向均有切变的风相互作用，上升气

流在对流层的中部开始旋转，形成中尺度气旋。

（3）随着中尺度气旋向地面发展和向上伸展，它本身变细并增强。同时，一个小面积的增强辅合，即初生的龙卷在气旋内部形成，产生气旋的同样过程，形成龙卷核心。

（4）龙卷核心中的旋转与气旋中的不同，它的强度足以使龙卷一直伸展到地面。当发展的涡旋到达地面高度时，地面气压急剧下降，地面风速急剧上升，形成龙卷。

龙卷风常发生于夏季的雷雨天气时，尤以下午至傍晚最为多见。袭击范围小，龙卷风的直径一般在十几米到数百米之间。龙卷风的生存时间一般只有几分钟，最长也不超过数小时。风力特别大，在中心附近的风速可达 100～200 米/秒。破坏力极强，龙卷风经过的地方，常会发生拔起大树、掀翻车辆、摧毁建筑物等现象，有时把人吸走，危害十分严重。

龙卷风的危害

1995 年在美国俄克拉何马州阿得莫尔市发生的一场陆龙卷，诸如屋顶之类的重物被吹出几十千米之远。大多数碎片落在陆龙卷通道的左侧，按重量不等常常有很明确的降落地带。较轻的碎片可能会飞到 300 多千米外才落地。

在强烈龙卷风的袭击下，房子屋顶会像滑翔翼般飞起来。一旦屋顶被卷走后，房子的其他部分也会跟着崩解。因此，建筑房屋时，如果能加强房顶的稳固性，将有助于防止龙卷风过境时造成巨大损失。

龙卷的袭击突然而猛烈，产生的风是地面上最强的。在美国，龙卷风每年造成的死亡人数仅次于雷电。它对建筑的破坏也相当严重，经常是毁灭性的。

在 1999 年 5 月 27 日，美国得克萨斯州中部，包括首府奥斯汀在内的 4 个县遭受特大龙卷风袭击，造成至少 32 人死亡，数十人受伤。据报道，在离奥斯汀市北部 40 千米的贾雷尔镇，有 50 多所房屋倒塌，已有 30 多人在龙卷风丧生。遭到破坏的地区长达 1 千米，宽 183 米。这是继 5 月 13 日迈阿密市遭龙卷风袭击之后，美国又一遭受龙卷风的地区。

一般情况下，龙卷风是一种气旋。它在接触地面时，直径在几米到1千米不等，平均在几百米。龙卷风影响范围从数米到几十上百千米，所到之处万物遭劫。龙卷风漏斗状中心由吸起的尘土和凝聚的水气组成可见的"龙嘴"。在海洋上，尤其是在热带，类似的景象在发生称为海上龙卷风。

大多数龙卷风在北半球是逆时针旋转，在南半球是顺时针，也有例外情况。卷风形成的确切机理仍在研究中，一般认为是与大气的剧烈活动有关。

从19世纪以来，天气预报的准确性大大提高，气象

美国遭受龙卷风袭击

雷达能够监测到龙卷风、飓风等各种灾害风暴。

龙卷风通常是极其快速的，100米/秒的风速不足为奇，甚至达到175米/秒以上，比12级台风还要大五六倍。风的范围很小，一般直径只有25～100米，只在极少数的情况下直径才达到1千米以上；从发生到消失只有几分种，最多几个小时。

龙卷风的力气也是很大的。1956年9月24日上海曾发生过一次龙卷风，它轻而易举地把一个110吨重的大储油桶"举"到15米高的高空，再甩到120米以外的地方。

1879年5月30日下午4时，在堪萨斯州北方的上空有2块又黑又浓的乌云合并在一起。15分钟后在云层下端产生了漩涡。漩涡迅速增长，变成一根顶天立地的巨大风柱，在3个小时内像一条孽龙似的在整个州内胡作非为，所到之处无一幸免。但是，最奇怪的事是发生在刚开始的时候，龙卷风漩涡横过一条小河，遇上了一座峭壁，显然是无法超过这个障碍物，漩涡便折抽西进，那边恰巧有一座新造的75米长的铁路桥。龙卷风漩涡竟将它从石桥墩上"拔"起，把它扭了几扭，然后抛到水中。

龙卷风的防范措施

（1）在家时，务必远离门、窗和房屋的外围墙壁，躲到与龙卷风方向相反

的墙壁或小房间内抱头蹲下。躲避龙卷风最安全的地方是地下室或半地下室。

（2）在电杆倒、房屋塌的紧急情况下，应及时切断电源，以防止电击人体或引起火灾。

（3）在野外遇龙卷风时，应就近寻找低洼地伏于地面，但要远离大树、电杆，以免被砸、被压和触电。

（4）汽车外出遇到龙卷风时，千万不能开车躲避，也不要在汽车中躲避，因为汽车对龙卷风几乎没有防御能力，应立即离开汽车，到低洼地躲避。

寒潮来袭

寒潮是冬季的一种灾害性天气，群众习惯把寒潮称为寒流。所谓寒潮，就是北方的冷空气大规模地向南侵袭我国，造成大范围急剧降温和偏北大风的天气过程。寒潮一般多发生在秋末、冬季、初春时节。我国气象部门规定：冷空气侵入造成的降温，一天内达到10℃以上，而且最低气温在5℃以下，则称此冷空气爆发过程为一次寒潮过程。可见，并不是每一次冷空气南下都称为寒潮。

寒潮爆发在不同的地域环境下具有不同的特点。在西北沙漠和黄土高原，表现为大风少雪，极易引发沙尘暴天气。在内蒙古草原则为大风、吹雪和低温天气。在华北、黄淮地区，寒潮袭来常常风雪交加。在东北表现为更猛烈的大风、大雪，降雪量为全国之冠。在江南常伴随着寒风酷雨。

寒　潮

寒潮形成的主要原因

在北极地区由于太阳光照弱，地面和大气获得热量少，常年冰天雪地。到了冬天，太阳光的直射位置越过赤道，到达南半球，北极地区的寒冷程度更加增强，范围扩大，气温一般都在 -50℃ ~ -40℃。范围很大的冷气团聚集到一定程度，在适宜的高空大气环流作用下，就会大规模向南入侵，形成寒潮天气。

就拿我国来说，我国位于欧亚大陆的东南部。从我国往北去，就是蒙古国和俄罗斯的西伯利亚。西伯利亚是气候很冷的地方，再往北去，就到了地球最北的地区——北极了。那里比西伯利亚地区更冷，寒冷期更长。影响我国的寒潮就是从那些地方形成的。

位于高纬度的北极地区和西伯利亚、蒙古高原一带地方，一年到头受太阳光的斜射，地面接受太阳光的热量很少。尤其是到了冬天，太阳光线南移，北半球太阳光照射的角度越来越小，因此，地面吸收的太阳光热量也越来越少，地表面的温度变得很低。在冬季北冰洋地区，气温经常在 -20℃ 以下，最低时可到 -70℃ ~ -60℃。1 月份的平均气温常在 -40℃ 以下。

由于北极和西伯利亚一带的气温很低，大气的密度就要大大增加，空气不断收缩下沉，使气压增高，这样，便形成一个势力强大、深厚宽广的冷高压气团。当这个冷性高压势力增强到一定程度时，就会像决了堤的海潮一样，一泻千里，汹涌澎湃地向我国袭来，这就是寒潮。

每一次寒潮爆发后，西伯利亚的冷空气就要减少一部分，气压也随之降低。但经过一段时间后，冷空气又重新聚集堆积起来，孕育着一次新的寒潮的爆发。

寒潮的危害

（1）对农作物造成冻害（秋季和春季危害最大）——强烈降温。

（2）吹翻船只，摧毁建筑物，破坏农场——大风。

（3）压断电线，折断电线杆——大雪、冻雨。

寒潮和强冷空气通常带来的大风、降温天气。寒潮大风对沿海地区威胁很大，如 1969 年 4 月 21 ~ 25 日那次的寒潮，强风袭击我国渤海、黄海以及河北、山东、河南等省，陆地风力 7 ~ 8 级，海上风力 8 ~ 10 级。此时正值天文大潮，寒潮爆发造成了渤海湾、莱洲湾几十年来罕见的风暴潮。在山东北岸一带，海水上涨了 3 米以上，冲毁海堤 50 多千米，海水倒灌 30 ~

寒潮袭击

114

40千米。

寒潮带来的雨雪和冰冻天气对交通运输危害不小。如1987年11月下旬的一次寒潮过程，使哈尔滨、沈阳、北京、乌鲁木齐等铁路局所管辖的不少车站道岔冻结，铁轨被雪埋，通信信号失灵，列车运行受阻。雨雪过后，道路结冰打滑，交通事故明显上升。

寒潮袭来对人体健康危害很大，大风降温天气容易引发感冒、气管炎、冠心病、肺心病、中风、哮喘、心肌梗死、心绞痛、偏头痛等疾病，有时还会使患者的病情加重。

很少被人提起的是，寒潮也有有益的影响。地理学家的研究分析表明，寒潮有助于地球表面热量交换。随着纬度增高，地球接收太阳辐射能量逐渐减弱，因此地球形成热带、温带和寒带。寒潮携带大量冷空气向热带倾泻，使地面热量进行大规模交换，这非常有助于自然界的生态保持平衡，保持物种的繁茂。

气象学家认为，寒潮是风调雨顺的保障。我国受季风影响，冬天气候干旱，为枯水期。但每当寒潮南侵时，常会带来大范围的雨雪天气，缓解了冬天的旱情，使农作物受益。"瑞雪兆丰年"这句农谚为什么能在民间千古流传？这是因为雪水中的氮化物含量高，是普通水的5倍以上，可使土壤中氮素大幅度提高。雪水还能加速土壤有机物质分解，从而增加土中有机肥料。大雪覆盖在越冬农作物上，就像棉被一样起到抗寒保温作用。

民间有种说法是"寒冬不寒，来年不丰"，这同样有其科学道理。农作物病虫害防治专家认为，寒潮带来的低温，是目前最有效的天然"杀虫剂"，可大量杀死潜伏在土中过冬的害虫和病菌，或抑制其滋生，减轻来年的病虫害。据各地农技站调查数据显示，凡大雪封冬之年，农药可节省

60% 以上。

寒潮还可带来风资源。科学家认为，风是一种无污染的宝贵动力资源。举世瞩目的日本宫古岛风能发电站，寒潮期的发电效率是平时的 1.5 倍。

寒潮的东西长度可达几百千米到几千千米，但其厚度一般只有 2～3 千米。寒潮的移动速度为每小时几十千米，与火车的速度差不多。影响我国的寒潮大致有 3 条路线：①西路。这是影响我国时间最早、次数最多的一条路线。强冷空气自北极出发，经西伯利亚西部南下，进入我国新疆，然后沿河西走廊，侵入华北、中原，直到华南甚至西南地区。②中路。强冷空气从西伯利亚的贝加尔湖和蒙古人民共和国一带，经过我国的内蒙古自治区，进入华北直到东南沿海地区。③东路。冷空气从西伯利亚东北部南下，有时经过我国东北，有时经过日本海、朝鲜半岛，侵入我国东部沿海一带。从这条路线南下的寒潮主力偏东，势力一般都不很强，次数也不算多。

有关寒潮的预防

（1）当气温发生骤降时，要注意添衣保暖，特别是要注意手、脸的保暖。

（2）关好门窗，固紧室外搭建物。

（3）外出当心路滑跌倒。

（4）老弱病人，特别是心血管病人、哮喘病人等对气温变化敏感的人群尽量不要外出。

（5）注意休息，不要过度疲劳。

（6）提防煤气中毒，尤其是采用煤炉取暖的家庭更要提防。

（7）应加强天气预报，提前发布准确的寒潮消息或警报。

"风暴海啸" ——风暴潮

风暴潮是一种灾害性的气象现象。由于剧烈的大气扰动，如强风和气压骤变（通常指台风和温带气旋等灾害性天气系统）导致海水异常升降，使受其影响的海区的潮位大大地超过平常潮位的现象，称为风暴潮。又可称"风暴增水"、"风暴海啸"、"气象海啸"或"风潮"。

风暴潮

风暴潮根据风暴的性质，通常分为由台风引起的台风风暴潮和由温带气旋引起的温带风暴潮两大类。

（1）台风风暴潮，多见于夏秋季节。其特点是来势猛、速度快、强度大、破坏力强。凡是有台风影响的海洋国家、沿海地区均有台风风暴潮发生。

（2）温带风暴潮，多发生于春秋季节，夏季也时有发生。其特点是增水过程比较平缓，增水高度低于台风风暴潮。主要发生在中纬度沿海地区，以欧洲北海沿岸、美国东海岸以及我国北方海区沿岸为多。

风暴潮成灾因素

风暴潮能否成灾，在很大程度上取决于其最大风暴潮位是否与天文潮高潮相叠，尤其是与天文大潮期的高潮相叠。当然，也决定于受灾地区的地理位置、海岸形状、岸上及海底地形，尤其是滨海地区的社会及经济（承灾体）情况。

如果最大风暴潮位恰与天文大潮的高潮相叠，则会导致发生特大潮灾，如8923和9216号台风风暴潮。1992年8月28日至9月1日，受第16号强热带风暴和天文大潮的共同影响，我国东部沿海发生了1949年以来影响范围最广、损失非常严重的一次风暴潮灾害。潮灾先后波及福建、浙江、上海、江苏、山东、天津、河北和辽宁等省、市。风暴潮、巨浪、大风、大雨的综合影响，使南自福建东山岛，北到辽宁省沿海的近万千米的海岸线，遭受到不同程度的袭击。受灾人口达2000多万，死亡194人，毁坏海堤1170千米，受灾农田193.3万公顷，成灾33.3万公顷，直接经济损失90多亿元。

当然，如果风暴潮位非常高，虽然未遇天文大潮或高潮，也会造成严重潮灾。8007 号台风风暴潮就属于这种情况。当时正逢天文潮平潮，由于出现了 5.94 米的特高风暴潮位，仍造成了严重风暴潮灾害。

依国内外风暴潮专家的意见，一般把风暴潮灾害划分为 4 个等级，即特大潮灾、严重潮灾、较大潮灾和轻度潮灾。

风暴潮历史灾害

风暴潮灾害居海洋灾害之首位，世界上绝大多数因强风暴引起的特大海岸灾害都是由风暴潮造成的。

在孟加拉湾沿岸，1970 年 11 月 13 日发生了一次震惊世界的热带气旋风暴潮灾害。这次风暴增水超过 6 米的风暴潮夺去了恒河三角洲一带 30 万人的生命，溺死牲畜 50 万头，使 100 多万人无家可归。1991 年 4 月的又一次特大风暴潮，在有了热带气旋及风暴潮警报的情况下，仍然夺去了 13 万人的生命。

1959 年 9 月 26 日，日本伊势湾顶的名古屋一带地区，遭受了日本历史上最严重的风暴潮灾害。最大风暴增水曾达 3.45 米，最高潮位达 5.81 米。当时，伊势湾一带沿岸水位猛增，暴潮激起千层浪，汹涌地扑向堤岸，防潮海堤短时间内即被冲毁。造成了 5180 人死亡，伤亡合计 7 万余人，受灾人口达 150 万，直接经济损失 852 亿日元（1959 年价）。

美国也是一个频繁遭受风暴潮袭击的国家，并且和我国一样，既有飓（台）风风暴潮又有温带大风风暴潮。1969 年登陆美国墨西哥湾沿岸"卡米尔（Camille）"飓风风暴潮曾引起了 7.5 米的风暴潮，这是迄今为止世界

孟加拉湾遭受风暴潮袭击

第一位的风暴潮记录。历史上，荷兰曾不止一次被海水淹没，又不止一次地从海洋里夺回被淹没的土地。这些被防潮大堤保护的土地约占荷兰全部国土的3/4。荷兰、英国、前苏联的波罗的海沿岸、美国东北部海岸和中国的渤海，都是温带风暴潮的易发区域。

中国历史上，由于风暴潮灾造成的生命财产损失触目惊心。1782年清代的一次强温带风暴潮，曾使山东无棣至潍县等7个县受害。1895年4月28～29日，渤海湾发生风暴潮，毁掉了大沽口几乎全部建筑物，整个地区变成一片"泽国"，"海防各营死者2000余人"。1922年8月2日一次强台风风暴潮袭击了汕头地区，造成特大风暴潮灾。据史料记载和我国著名气象学家竺可桢先生考证，有7万余人丧生，更多的人无家可归，流离失所。这是20世纪以来我国死亡人数最多的一次风暴潮灾害。据《潮州志》载，台风"震山撼岳，拔木发屋，加以海汐骤至，暴雨倾盆，平地水深丈余，沿海低下者且数丈，乡村多被卷入海涛中"。"受灾尤烈者，如澄海之外沙，竟有全村人命财产化为乌有"。该县有一个1万多人的村庄，死于这次风暴潮灾的竟达7000多人。当地政府对此不闻不问，结果疫病横行，又死了2000多人。记录到的这次风暴潮值为3.65米，台风风力超过了12级。

据统计，汉代至公元1946年的2000年间，我国沿海共发生特大潮灾576次，一次潮灾的死亡人数少则成百上千，多则上万及至10万之多。

在近40多年中，我国曾多次遭到风暴潮的袭击，也造成了巨大的经济损失和人员伤亡：1956年第12号强台风引起的特大风暴潮，使浙江省淹没农田40万亩，死亡人数4629人。1969年第3号强台风登陆广东惠来，造成汕头地区特大风暴潮灾，汕头市进水，街道漫水1.5～2米，牛田洋大堤被冲垮。在当地政府及军队奋力抢救下，仍有1554人丧生，但较1922年同一地区相同强度的风暴潮，死亡人数减少了98%。1964年4月5日发生在渤海的温带气旋风暴潮，使海水涌入陆地20～30千米，造成了1949年以来渤海沿岸最严重的风暴潮灾。黄河入海口受潮水顶托，浸溢为患，加重了灾情，莱州湾地区及黄河口一带人民生命财产损失惨重。另一次是1969年4月23日，同一地区的温带风暴潮使无棣至昌邑、莱州的沿海一带海水内侵达30～40千米。

据统计，1949～1993年的45年中，我国共发生过程最大增水超过1米的台风风暴潮269次，其中风暴潮位超过2米的49次，超过3米的10次。共造成了特大潮灾14次，严重潮灾33次，较大潮灾17次和轻度潮灾36次。另外，我国渤海、黄海沿岸1950～1993年共发生最大增水超过1米的温带风暴潮547次，其中风暴潮位超过2米的57次，超过3米的3次。造成严重潮灾4次，较大潮灾6次和轻度潮灾61次。

尽管沿海人口急剧增加，但死于潮灾的人数已明显减少，这不能不归功于我国社会制度的优越和风暴潮预报警报的成功。但随着濒海城乡工农业的发展和沿海基础设施的增加，承灾体的日趋庞大，每次风暴潮的直接和间接损失却正在加重。据统计，中国风暴潮的年均经济损失已由20世纪50年代的1亿元左右，增至80年代后期的平均每年约20亿元，90年代前期的每年平均76亿元，1992年和1994年分别达到93.2亿元和157.9亿元，风暴潮正成为沿海对外开放和社会经济发展的一大制约因素。

地球强大的自然力——海啸

海啸是一种具有强大破坏力的海浪。水下地震、火山爆发或水下塌陷和滑坡等大地活动都可能引起海啸。当地震发生于海底，因震波的动力而引起海水剧烈的起伏，形成强大的波浪，向前推进，将沿海地带一一淹没的灾害，称之为海啸。

海啸在许多西方语言中称为"tsunami"，词源自日语"津波"，即"港边的波浪"（"津"即"港"）。这也显示出了日本是一个经常遭受海啸袭击的国家。目前，人类对地震、火山、海啸等突如其来的灾变，只能通过观察、预测来预防或减少它们所造成的损失，但还不能阻止它们的发生。

海啸通常由震源在海底下50千米以内、里氏地震规模6.5以上的海底地震引起。海啸波长比海洋的最大深度还要大，在海底附近传播也没受多大阻滞，不管海洋深度如何，波都可以传播过去，海啸在海洋的传播速度大约为500～1000千米/小时，而相邻两个浪头的距离也可能远达500～650千米，当海啸波进入陆棚后，由于深度变浅，波高突然增大，它的这种波

海　啸

浪运动所卷起的海涛，波高可达数十米，并形成"水墙"。

由地震引起的波动与海面上的海浪不同，一般海浪只在一定深度的水层波动，而地震所引起的水体波动是从海面到海底整个水层的起伏。此外，海底火山爆发、土崩及人为的水底核爆也能造成海啸。此外，陨石撞击也会造成海啸，"水墙"可达数十米。而且陨石造成的海啸在任何水域也有机会发生，不一定在地震带。不过陨石造成的海啸可能千年才会发生一次。

海啸同风产生的浪或潮是有很大差异的。微风吹过海洋，泛起相对较短的波浪，相应产生的水流仅限于浅层水体。猛烈的大风能够在辽阔的海洋卷起高度 3 米以上的海浪；但也不能撼动深处的水。而潮汐每天席卷全球 2 次，它产生的海流跟海啸一样能深入海洋底部，但是海啸并非由月亮或太阳的引力引起，它由海下地震推动所产生，或由火山爆发、陨星撞击或水下滑坡所产生。海啸波浪在深海的速度能够超过 700 千米/小时，可轻松地与波音 747 飞机保持同步。虽然速度快，但在深水中海啸并不危险，低于几米的一次单个波浪在开阔的海洋中其长度可超过 750 千米。这种作用产生的海表倾斜如此之细微，以致这种波浪通常在深水中不经意间就过去了。海啸是静悄悄地不知不觉地通过海洋，然而如果出乎意料地在浅水中它会达到灾难性的高度。

地震发生时，海底地层发生断裂，部分地层出现猛然上升或者下沉，由此造成从海底到海面的整个水层发生剧烈"抖动"。这种"抖动"与平常所见到的海浪大不一样。海浪一般只在海面附近起伏，涉及的深度不大，波动的振幅随水深衰减很快。地震引起的海水"抖动"则是从海底到海面整个水体的波动，其中所含的能量惊人。

海啸时掀起的狂涛骇浪，高度可达10多米至几十米不等，形成"水墙"。另外，海啸波长很大，可以传播几千千米而能量损失很小。由于以上原因，如果海啸到达岸边，"水墙"就会冲上陆地，对人类生命和财产造成严重威胁。

海洋杀手——热带风暴

热带风暴是发生于热带洋面上的巨大空气漩涡，它急速旋转像个陀螺，美洲人叫它"飓风"，澳洲称它"威力"，气象学上则称它为热带风暴"热带气旋"或"热带风暴"。热带风暴每年在全世界造成的损失高达60亿～70亿美元，它所引发的风暴潮、暴雨、洪水、暴风所造成的生命损失占所有自然灾害的60%。

濒临中国的西北太平洋，是世界上最不平静的海洋，属于自然灾害的"重灾区"。每年盛夏和初秋，中国东南沿海一带，经常遭受热带风暴的侵袭。其中造成灾害的热带风暴每年近20次，相当于美国的4倍、俄罗斯的30倍。热带风暴是我国沿海地区危害程度最严重的灾害性天气。

热带风暴发源于热带洋面。因为那里温度高、湿度大，又热又湿的空气大量上升到高空，凝结成雨，并释放出大量热能，再次加热了洋面的空气；洋面又蒸发出大量水汽，上升到高空。这样往返循环，便渐渐形成了一个中心气压很低，大量空气向低压区汇集的气旋中心。

热带风暴高度一般在9千米以上。热带风暴最大风速一般为40～60米/秒以上，个别强热带风暴可达110米/秒。一次热带风暴过程，降雨量可达200～300毫米，有时高达1000毫米。因此热带风暴经过之处常常出现狂风暴雨，并引起洪涝灾害。发生在1975年的第3

热带风暴

号热带风暴，使中国东部 10 多个省市出现暴雨洪水。河南省受灾最严重，暴雨中心恰好位于两座水库上游，导致水库溃坝，高达 10 多米的水舌像巨龙一样倾泻，大量农田、村舍被淹，京广铁路被冲毁 100 余千米，造成很大的人畜伤亡。

近年来，中国在海洋灾害的研究和预测方面已进入了国际先进行列，沿海岸边和岛屿已建成 280 个验潮站，成为世界上监测站网分布密度最高的国家之一，并且多次成功地发布了强风暴潮警报，对防灾抗灾起到了重要作用。

热带风暴的成因

热带风暴是热带气旋的一种，是指中心最大风力达 8～9 级（17.2～24.4 米/秒）的热带气旋。其产生基本条件是：

（1）首先要有足够广阔的热带洋面，这个洋面不仅要求海水表面温度要高于 26.5℃，而且在 60 米深的一层海水里，水温都要超过这个数值。其中广阔的洋面是形成热带风暴时的必要自然环境，因为热带风暴内部空气分子间的摩擦，每天平均要消耗 3100～4000 卡/平方厘米（1 卡 = 4.18 焦耳）的能量，这个巨大的能量只有广阔的热带海洋释放出的潜热才可能供应。另外，热带气旋周围旋转的强风，会引起中心附近的海水翻腾，在气压降得很低的热带风暴中心甚至可以造成海洋表面向上涌起，继而又向四周散开，于是海水从热带风暴中心向四周围翻腾。热带风暴里这种海水翻腾现象能影响到 60 米的深度。在海水温度低于 26.5℃的海洋面上，因热能不够，热带风暴很难维持。为了确保在这种翻腾作用过程中，海面温度始终在 26.5℃以上，这个暖水层必须有 60 米左右的厚度。

（2）在热带风暴形成之前，预先要有一个弱的热带涡旋存在。我们知道，任何一部机器的运转，都要消耗能量，这就要有能量来源。热带风暴也是一部"热机"，它以如此巨大的规模和速度在那里转动，要消耗大量的能量，因此要有能量来源。热带风暴的能量是来自热带海洋上的水汽。在一个事先已经存在的热带涡旋里，涡旋内的气压比四周低，周围的空气挟带大量的水汽流向涡旋中心，并在涡旋区内产生向上运动；湿空气上升，水汽凝结，释放出巨大的凝结潜热，才能促使热带风暴这部大机器运转。所以，即使有了高温高湿的热带洋面供应水汽，如果没有空气强烈上升，产生凝结释放潜热过程，热带风暴也不可能形成。所以，空气的上升运动是生成和维持热带风暴的一个重要因素。然而，其必要条件则是先存在一个弱的热带涡旋。

（3）要有足够大的地球自转偏向力，因赤道的地转偏向力为零，而向两极逐渐增大，故热带风暴发生地点大约离开赤道5个纬度以上。由于地球的自转，便产生了一个使空气流向改变的力，称为"地球自转偏向力"。在旋转的地球上，地球自转的作用使周围空气很难直接流进低气压，而是沿着低气压的中心作逆时针方向旋转（在北半球）。

（4）在弱低压上方，高低空之间的风向风速差别要小。在这种情况下，上下空气柱一致行动，高层空气中热量容易积聚，从而增暖。气旋一旦生成，在摩擦层以上的环境气流将沿等压线流动，高层增暖作用也就能进一步完成。在北纬20°以北地区，气候条件发生了变化，主要是高层风很大，不利于增暖，热带风暴不易出现。

热带风暴的受灾地域

2007年11月"锡德"的超级气旋致使孟加拉国沿岸800多万人受灾，4000多人死亡或失踪，损失23亿多美元。

2005年10月热带风暴"斯坦"在墨西哥南部、危地马拉、萨尔瓦多、尼加拉瓜和洪都拉斯引起暴雨、洪水泛滥和山体滑坡，至少造成2000人死亡。

2005年8月热带风暴"卡特里娜"飓风给美国南部沿海地区造成1300多人死亡，100多万人无家可归。

2004年12月7.9级强烈地震，引发海啸，印尼亚齐地区沿岸国家23万人死亡或失踪，50万人无家可归，举世震惊。

2004年9月热带风暴"珍妮"在海地造成3000多人死亡，海地北部城市陷入一片汪洋。

1998年10月飓风"米奇"在中美洲致9000多人死亡，大多数人葬身于可怕的泥石流之中。

1991 年 4 月热带风暴在孟加拉国引发洪水泛滥，造成大约 13.8 万人死亡。

1991 年 11 月热带风暴在菲律宾造成 6000 多人丧生。

缅甸遭受热带风暴

1970 年飓风"波罗"在孟加拉造成 50 万人死亡，是该国历史上最严重的风暴灾害。

2008 年 5 月 6 日缅甸国家媒体报道称，缅甸政府确认，热带风暴"纳尔吉斯"已造成 22500 人死亡，另有 41000 人失踪。

温室效应对人类生活的影响

温室效应与农业

农业是对气候变化反应最为敏感的部门之一。我国是农业大国，气候变化对我国作物生产和产量的影响在一些地区是正效应，但在另一些地区却是负效应。气候变暖后，灌溉和雨养的影响，春小麦的产量将分别减少17.7%和31.4%。不考虑水分的影响，早稻、晚稻、单季稻均呈现出不同幅度的减产，其中早稻减产幅度较小，晚稻和单季稻减产幅度较大。我国玉米总产量平均减产3%～6%；灌溉玉米减产2%～6%，无灌溉玉米减产7%左右。据估算，到2030年，我国种植业总体上因全球变暖可能会减产5%～10%，其中小麦、水稻和玉米三大作物均以减产为主。

气候变暖后，我国主要作物品种的布局将发生变化。华北目前推广的冬小麦品种（强冬性），因冬季无法经历足够的寒冷期而不能满足春化作用对低温的要求，将不得不被其他类型的冬小麦品种（如半冬性）所取代。比较耐高温的水稻品种将在南方占主导地位，而且还将逐渐向北方稻区发展。东北地区玉米的早熟品种逐渐被中、晚熟品种取代。

气候变暖后，蒸发相应加大，如果降水量不明显增加，将会使我国农牧交错带南扩，东北与内蒙古相接地区农牧交错带的界限将南移70千米左右，华北北部农牧交错带的界限将南移150千米左右，西北部农牧交错带界线将南移20千米左右。农牧过渡带的南移虽然可增加草原的面积，但由于农牧过渡带是潜在的沙漠化地区，新的过渡带地区如不加以保护，也有可能变成沙漠化地区。气候变暖使土壤有机质的微生物分解加快，造成地力下降。在二氧化碳浓度增高的环境下，虽然光合作用的增强能够促进根生物量增加，在一定程度上补偿了土壤有机质的减少，但土壤一旦受旱，根生物量的积累和分解都将受到限制。于是需要施用更多的肥料以满足作物的需要。

多熟制北移，农牧交错带南移

随着全球变暖，那些因热量不足而致分布区受限的作物的分布北界（北半球）会大幅北移，山地分布上界会上移，结果中纬度和高纬度地区的作物布局将会发生较大变化。例如欧洲玉米分布的北界，将由英格兰南部移至莫斯科南部甚至更北的地区。

随着一些作物分布北界向北扩展，相伴的必然是草原、森林的开垦，林产品和畜产品可能减少，结果这些作物增加的产量能否弥补林产品和畜产品的减少还是个未知数。另一个潜在的限制因素是在新的气候带，土壤类型可能不支持目前在主要农产国现行的集约化农业。例如，在加拿大靠近北极地区即使具有类似于现有南部稻米种植区的气候条件，但其贫瘠的土地也不能供养作物生长。

我国作物种植区也将北移，如冬小麦的安全种植北界将由目前的长城一线北移到沈阳—张家口—包头—乌鲁木齐一线。我国不同农业生态类型区，分布的种植制度结构和类型不一致，总体上是南方为一年三熟制或一年两熟制，北方为一年一熟制或两年三熟制。气候变暖将使我国作物种植制度发生较大变化。据估算，到 2050 年，气候变暖将使我国农业生态系统的作物种植三熟制的北界北移 500 千米之多，从长江流域移至黄河流域；而两熟制地区将北移至目前一熟制地区的中部，像河北省可能改变几百年来的"两年三熟"的种植制度结构，将会出现"一年两熟"的耕作制度；一熟制地区的面积将减少 20% 以上。东北地区玉米的早熟品种逐渐被中、晚熟品种取代。

农牧业的分布格局必将随着温度、水分的变化而发生变化。气候变暖，水分蒸发量加大，加上降水量不明显增加甚至有所减少，这必将使我国农牧交错带南扩。东北与内蒙古相接地区农牧交错带的界限将南移70千米左右，华北北部农牧交错带的界限将南移150千米左右，西北农牧交错带的界限将南移20千米左右。农牧交错带的南移，将使我国农业生态系统的总体生产力呈现下降态势。

气候变暖对作物生长发育的影响

温度升高对农作物生育作用的后果很明显，其主要影响表现在：①不能满足因温度升高而急剧增加的蒸腾耗水的需要；②由于生长季水分匮乏，很难有效利用新增加的热量和二氧化碳资源，提高光合生产率，使生长受阻；③由于土壤中有效水分减少，农作物生长发育的水分胁迫将会变得更加严峻；④按有关生长期的定义，由于生育期中水分供应不足，农作物的实际有效生长期并未因积温增加而有实质性的延长；⑤由于温度升高，特别是夏季温度的剧升，势必使高温日数明显增多，而降水量几乎没有增加，结果直接导致高温危害，实际上也缩短了作物的有效生长期。

温度升高可延长全年生长期，对无限生长习性或多年生作物有利；而对生育期短的栽培作物来说又是不利的，因为温度高而使作物的发育速度加快，生育期缩短，生物量减少，可能会抵消全年生长期延长的效果。光合作用积累干物质的时间减少。在平均温度升高的同时，极端温度出现的频率增加，对局部地区作物的生长发育有抑制作用。另一方面，冬季气温升高对秋播和越冬播种的作物生育有利，小麦、油菜等作物越冬率、分蘖或分枝增加，作物生长发育较充分，有利于产量形成。

气候变暖对农业病虫害的影响

由于温度升高，害虫发育的起始时间有可能提前，一年中害虫的繁殖代数也因此而增加。在新的适宜环境条件下，某些害虫的虫口将呈指数式增长，造成农田多次受害的概率增大。气候变暖后，黏虫发生的世代均将在原来的基础上增殖1~2代。另一方面，冬季变暖，病虫更易越冬，虫源和病源增大；害虫的越冬休眠期缩短，世代增多。更为严重的是，多种主

黏 虫

要作物的迁飞性害虫比今天分布更广、危害更大，黏虫越冬和冬季繁殖面积大幅度扩大。褐飞虱安全越冬北界将移至北纬 25°附近；稻纵卷叶螟冬季越冬界线将会北移，其结果不仅大范围地加重越冬作物的病虫危害，而且也增加了来年开春迁飞害虫的基数。由于南北温差减小，黏虫、稻飞虱等迁飞性害虫春季向北迁入始盛期将提前，而秋季向南回迁期推迟，使危害的时间延长。另外，迁飞性害虫春秋往返迁飞的路径也将受到一定的影响，使其集中危害的分布区发生相应的变化。

气候变暖会改变作物病原体的地理分布，目前局限在热带的病原和寄生组织将会扩展到亚热带甚至温带地区。冬季温度升高，有利于条锈菌越冬，使菌源基数增大，春季气候条件适宜，将会加重小麦条锈病的发生、流行。病虫害的流行蔓延，加上杂草的超常生长，意味着不得不施用大量的农药和除草剂，这将加剧环境的污染。

气候变暖对农业气候灾害的影响

气候变暖对农业最主要的影响很可能是极端气候条件，如干旱、炎热、洪涝、风暴、龙卷风、冰雹、冷害、霜冻等。研究认为，气候变暖会使热带风暴增加，从而对低纬度地区，尤其是海岸带的农业有重大影响。有人认为，气温升高，持续炎热，因而影响农业生产，尤其是在热带、亚热带地区更为突出。例如发生在冬小麦主产区的干热风可能使小麦大幅度减产。高温胁迫的热害已经限制了作物生产，影响玉米、大豆、高粱、谷子等的种植和产量，水稻、棉花的生育也受到强烈抑制。在温室效应影响下高温热害加剧，将是影响我国农业生产的严重问题。由于气温升高，大气层中气流交换增强，大风天气会增加，风暴频率和强度都会有所增强，某些区域（我国黄土高原地区）因风蚀作用而引起的水土流失会加剧，进而影响农业生产。还有研究指出，气温升高后会导致土壤耗水量加大，尤其是植被覆盖度低的干旱和半干旱地区耗水量更大，旱灾会更频繁地发生，从而威胁农业的发展。我国北方地区由于季风雨带的南移可能加重干旱的危害。

气候变暖对农田基质的影响

在较暖的气候条件下，土壤微生物对有机质的分解将加快，长此下去将造成地力下降。在高二氧化碳浓度下，虽然光合作用的增强能够促进根生物量的增加，在一定程度上可以弥补土壤有机质的减少，但土壤一旦受旱后，根生物量的积累和分解都将受到限制。这意味着需要施用更多的肥料以满足作物的需要。干旱加剧后，植被减少，表土易沙化，使得耕地易受风蚀，遇到大风袭击时，将产生沙尘暴；而一旦受到暴雨冲刷，又会造成严重的水蚀。肥效对环境温度的变化十分敏感，尤其是氮肥。温度增高1℃，能被植物直接吸收利用的速效氮释放量将增加约4倍。因此，要想保持原有肥效，每次的施肥量将增加4倍左右。这样不仅使农业成本和投资增加，而且对土壤和环境也不利。

我国北方一些干旱和半干旱地区降水可能趋于更不稳定或者更加干旱，因此这些地区要以改土治水为中心，加强农田基本建设，增强有效灌溉能力，改善农业生态环境，建设高产稳产农田，不断提高整个农业抗御不良环境和外界变化的素质。

温室效应与旅游业

旅游业是严重依赖自然环境和天气条件的产业，受到气候变化的负面影响仅次于农业。全球变暖引起的冰盖融化，海平面上升，将会导致海岸和海岛风景地的变迁，这对像马尔代夫这些依赖旅游业发展本国经济的小岛国来说是灾难性的。气候变化使海平面不断上升，处在大洋中的斐济、库克群岛和我国海南省都因此而面临严峻问题。

129

气候变暖使地中海东部避暑胜地气温超过 40℃ 的天数明显增加，使澳大利亚海滨上空的云层覆盖减少，游客们的皮肤越来越多地暴露在有害的太阳射线之下，这会让旅游者"望洋却步"。

气候变化改变了旅游和户外休闲活动营业季节的长短，这对旅游企业来说生死攸关。气候变暖导致了降雪减少和旅游季节缩短，这对北美和阿尔卑斯山脉经营雪上和冰上项目的冬季休闲度假地已造成了损失。高纬度和高海拔地区的损失更大些。

气候变化还会造成传染病的传播，从而影响到旅游业。全球变暖和较大规模的气候波动在全球疾病大暴发中起着重要作用。全球范围内新传染病的出现以及疟疾、登革热和霍乱等疾病卷土重来，旅游业都是最直接的受害者。2003 年流行的"非典"（SARS）已给我国的旅游业造成沉重打击。

值得注意的是，旅游业不仅是气候变化的受害者，也是造成气候变化的重要原因。其中影响最大的是空中飞行。现在，乘飞机旅行已成为温室气体排放增加最快的来源，份额占总排放量的 3%，预计到 2050 年会达到 7%。2000 年的国际旅行者有 6980 万，预计到 2010 年会达到 1 亿多，到 2020 年将达到 16 亿，旅游业的繁荣使空中飞行次数急剧膨胀，这给全球变暖造成了巨大影响，反过来又影响到旅游业自身的发展。

国际社会已经普遍认识到，要解决气候变化和旅游双向的负面影响，必须实施可持续发展的旅游政策。提倡对环境友善的，以亲近自然、减少污染和能源消耗为特征的生态旅游。目前中国已经成为世界第 5 大旅游国，二氧化碳排放量居世界第 2 位，因此旅游业的健康发展和环保方面的国际义务，都要求我们实行可持续发展的旅游政策。

地中海是世界上最大的旅游胜地之一，每年都有上千万游客涌到这里。而科学家警告，某一天地中海的高温将可能驱散所有的游客，曾经热闹的海滩也许会冷清下来。

据英国《自然》杂志网站刊发的一篇文章称，这只是全球变暖影响旅游业的一个方面。2002 年，热浪袭击希腊，法国南部森林失火，2003 年更是不同寻常的温暖和干燥，但旅游业和政府迄今都没有计划应对气候变化可能带来的影响。

旅游业是全球最大行业之一，每年收入超过5000亿美元。对许多发展中国家而言，这是特别重要的一项收入。而《自然》网站的文章说："如果（全球变暖导致）海平面上升，马尔代夫等一些地方可能会消失。"这篇文章建议，除了稳定的政策

地中海

等措施，投资旅游业需要放长眼光。它举例说，如果今天在加勒比海某岛屿建造旅游胜地，可能还没等到赢利，它已沉到海底。

目前，全球变暖已经在一些旅游地区发生影响，比如阿尔卑斯山脉积雪比50年前大幅减少，冬季在山坡上甚至会冒出青草，以致这个著名的滑雪胜地大不如昔。

温室效应与人体健康

气候变化可通过各种渠道对人体产生直接影响，使人的精神、免疫力和疾病抵抗力受到影响。气温变化与死亡率有密切关系，在美国、德国，当有热浪袭击时总体死亡率呈上升趋势。全球变暖对人类健康造成的不利影响在贫穷地区更加严重。

全球气候变暖直接导致部分地区夏天出现超高温，心脏病及引发的各种呼吸系统疾病，每年都会夺去很多人的生命，其中又以新生儿和老人的危险性最大。全球气候变暖导致臭氧浓度增加，低空中的臭氧是非常危险的污染物，会破坏人的肺部组织，引发哮喘或其他肺病。全球气候变暖还会造成某些传染性疾病传播。

一位科学家以一种独特的方式，叙述过清洁空气对健康的重要性。他以简略的数字指出，一个人能5个星期不吃饭或5天不喝水而活下去，可要

131

是不呼吸空气却不能超过 5 分钟。他还指出，一般人每天约需要 2.8 磅（1 磅 = 0.4536 千克）食物、4.5 磅水，可是更需要 30 磅空气。

"空气"被吸入和呼出肺部时经历的明显变化是，其中的氧被摄取，同时添加了二氧化碳。这一过程是自然发生的。

可是，还有其他事情发生。

吸入的空气，可能含有我们迄今所知道的一切气体和微粒。较大的微粒在鼻腔或咽喉中被留住了。某些气体会在那里同液体起作用。然后，空气带着氧气及其他剩下的不良气体和微粒，便涌入肺内。当一个人呼出空气时，某些气体和非常细小的微粒会随着空气一起排出体外，可是某些中等大小的微粒留在肺内，并可能产生一连串不良后果，导致严重疾病和死亡。某些气体也能产生这一作用。

人的肺能受到各种不同形式的感染，有时候能因此诱发或加剧肺气肿，导致一种细胞恶化的病症。在另外一些情况下，各种各样的微粒涂层可能妨碍血管从空气中摄入氧的功能，某些污染物还被认为有能引起肺癌的可能。

妨碍空气正常进出肺内的呼吸系统疾病，会对心脏产生压力。当心脏已因其他病症而变得衰弱时，增加一个压力便会难以承受。正是这个缘故，大气污染会首先危害体质较差的老人和儿童，那些有病的老人特别容易因此一病不起。

有害气体对人的毒害，情况种种不同。有的就像 1952 年的伦敦烟雾那样，毒素的浓度在几天之内直线上升，达到致命水平。咳嗽开始发生，呼吸发生严重障碍，造成许多人突然死亡。还有的人经常生活在有毒的大气环境中，所受毒害缓慢而无形，但实际上是在进行着。微粒在肺壁上扩展，就像苔藓生长在墙壁上，不易察觉，等到发现感染时人们已回天无术了。

对人类危险最大的气体，也就是那些威胁着动物和植物的气体，如二氧化硫、二氧化氮、臭氧以及有碳氢化合物的复杂混合物，构成所谓"烟雾气体"。在工业城市里，有大量汽车行驶，这些气体是普遍存在的。

你也许很想了解一氧化碳这种从汽车排气管中排放出来的普通气体。一氧化碳在浓度高时，毫无疑问是致命的：它损坏血液中的血色素，使其不能把氧从肺中输往身体各组织。不过，在大部分时间内，户外空气中的一氧化碳数量极微，不足以对人体健康造成明显损害。

硫化氢在浓度高时，也是一种能致命的气体。你或许知道，硫化氢具有明显的臭鸡蛋气味。不少人可能认为，这可以作为一种良好的判别硫化氢的信号。但是，要特别注意，当它小量地、无害地存在时，或浓度达到一定限度时，都能很容易嗅得出来。如果当硫化氢浓度达100%或更高的时候，人的嗅觉反而会丧失，你可能在这种致命的气体中毫无觉察地丧命。

在某些类型的工厂中，硫化氢的确代表着一种潜在的危险。

1950年11月，墨西哥波萨利卡的一家工厂，在从天然气中提取硫时，发生了严重事故：在一个平静的多雾之夜，意外地把硫化氢气体释入了空气。

当时约为凌晨5时，全城绝大多数居民尚在睡梦中。硫化氢比空气重得多，所以它只能在空气下层流动。致命的气体悄悄地沿着街道进入住宅，溜进了卧室。受害者在不知不觉中吸入了过量的硫化氢，他们感到窒息，却无法逃避，反而因为挣扎吸入更多。就在那天晚上，住进医院的有320人，中毒死亡的有22人。

在各种常见的气体污染物中，二氧化硫被认为是对人体健康危害最大的气体之一。浓度超过约1微克时，它就能对人产生影响，虽然有些人能忍受5倍以上的浓度。

足够的二氧化氮气体，会侵袭肺脏。它也被认为是引起眼睛发炎的主要因素。某些碳氢化合物和二氧化氮，在阳光的作用下能产生出刺激眼睛的复杂物质，难怪大多数严重眼病都发生在白天。

固态微粒能传送危险的物质，某些含碳微粒如煤烟，能吸收一些物质。动物实验已证实，长期吸入这样的物质，能发生癌症。这些微粒进入肺部，会滞留在肺壁上，植下肺癌的种子。对生活在烟雾氛围中的人，解剖结果表明，其肺脏已被一层煤烟微粒染黑了。

毫无疑问，不洁的空气越来越成为有害健康的严重问题。患肺气肿、支气管炎和哮喘等呼吸道疾病的人数，一直在不断增加，其原因至少部分在于空气污染。如果不采取积极措施，减少大气污染物，这些疾病以及其他相关联的疾病，都肯定会更加严重地蔓延。当前重要的是，需要对最危险的污染物进行有效识别和监测。

全球气温变暖后，高纬度国家的疾病会增多，据统计资料表明，气温升高2℃～4℃，如无其他环境变化，人口死亡率即会升高。全球变暖除对人体健康有影响外，还对地球上的一些物种有影响，某些物种可能不适应这种气候变化，从而导致物种的多样性减少。

皮肤损害及皮肤癌

地面紫外辐射量的上升，将同时加强其对人体皮肤所造成的长期和短期有害后果。大量暴露于太阳辐射中可能会导致严重晒伤。长期暴露于辐射中可能导致皮肤变厚以及产生皱纹、失去弹性并增加患皮肤癌的可能。晒伤和皮肤癌主要是由 UVB 所致，其波长最多在 300 毫微米左右；而其他不良后果则与 UVA 有更多关系。

高加索种人群中患皮肤癌的危险性最大，其中又以浅色人种危险性最大，根据进化论观点可以理解这点。古代深色皮肤人群从他们的原居住点（假定在太阳暴晒的东非）移居到高纬度的欧洲、中国及其他地区，这使他们所受的太阳照射减少了。为了保持皮肤中足够的由于阳光才能产生的维生素 D，自然选择可能致使皮肤色素沉着减少以使更多的紫外辐射进入。这种选择的机制可能有着相当无情的直接后果：因缺少维生素 D 会引起软骨病（骨头变软、变形）；在高纬度地区居住的深色皮肤的女人，其不正常的盆骨可能在身体上已经直接反映出她们的生育受到了损害。这就是自然选择的主要准则。浅色皮肤的移居者可能因此就最终在基因库中取得优势（有趣的是，现在向欧洲国家移民的南亚、非洲和西印度人显示出了这一古老问题重新出现的证据，已有报道说在那些深色皮肤移民中有人得佝偻病）。在那些移民高纬度地区的早期人群中，由自然选择所产生的肤色变浅从长期来看可能提高了他们得皮肤癌的危险性，然而，在下一代成人身上所增加的得皮肤癌的危险性与自然选择几乎没有关系。

太阳辐射增加是皮肤癌的主要原因之一，由于臭氧层空洞而引起人体暴露于太阳辐射的机会增多，使人们认为会引起皮肤癌的上升。但上升到怎样的程度？近年来许多不同领域的科学家已解决了这个问题。传统的流行病学家可能偏好于一种等着看的个体计数的方法；而一个对社会有用的回答是从由现在作出的估计中得出的，而不是从下世纪初开始出现的真正的临床观察中得出的。

首先，如果我们知道存在于同温层中的假定的臭氧减少量与相应的地面上 UVB 辐射量的变化结果（被称为辐射放大因素）之间的关系。其次，如果我们知道存在于更多接触 UVB 机会与更多得皮肤癌的机会之间的剂量反应倍数（生物放大因素），这样，随着臭氧减少而与其有关的将来皮肤癌上升的危险性就有可能被估计出来。第一个关系正通过直接的环境测量而得到明确结果，包括阐明由于对流层污染物而正在造成的混乱。第二种关系可用几种方法来估计，尤其是通过估计浅色人种与接触紫外辐射程度的不同而导致的皮肤癌发病率的地区性差异。但这里要注意，我们所观察到与纬度有关的皮肤癌发病率的差异有多少是由于周围辐射水平的差别造成的？有多少是由比如职业、娱乐和服饰这样的人们行为模式的差别造成的？由于这些复杂的反映局部太阳平均辐射程度的行为变化（被流行病学家确认为一种"复杂"的变量，一种使在自由人口中进行非实验性研究很困难的变量），从沉溺于吃喝玩乐的人群中获得的数据可能不能精确地反映真实的剂量反应关系的强度。比如说，处于低纬度的昆士兰人戴着宽边帽而高纬度人则不戴，则澳大利亚真实的与纬度有关的得皮肤癌的危险性就会因为简单地比较他们的皮肤癌发病率而被低估。

1991 年联合国环境规划署估计，臭氧每消失 1%，引起癌症的 UVB 的剂量就会上升 1.4%，并引起基细胞癌和鳞状细胞癌的发病率分别上升 2.0% 和 3.5%。联合国环境规划署估计，臭氧每消耗 1%，会引起非黑素皮肤癌上升 2.3%。根据 IPCC 的全球变暖的估计，这些对辐射和生物放大因素的估计都存在一个不确定区，大约增减 1/4。黑素瘤的生物放大因素则更不确定，它处于 0.5% ~10%。联合国环境规划署预测，如果臭氧平均减少 10%（像那些在高纬度已经出现的情况），并且全球性持续 30 ~40 年，将会引起全世界每年至少多出 30 万例的非黑素性皮肤癌及多出 4560 例恶性黑素瘤，也许 2 倍于此数。

增加与 UVB 接触的机会对皮肤癌发病率的影响，相当于将人群移居到低纬度地区。比如在澳大利亚的塔斯马尼亚（南纬 40°左右），按照现在的发展趋势，再过 40 年，比如 1980～2020 年，臭氧层的消耗将每年增加 15%，而这又将使非黑素皮肤癌增加约 1/310。对塔斯马尼亚地区的人而言，这等于沿着澳大利亚东海岸往上走到一半的地方居住，约在南纬 30°。从长远来看，到 21 世纪中期，在住在两个半球高纬度地区的浅肤色人群中，由于同温层奥氧的持续消耗，皮肤癌的发病率会由此上升 50%～100%。

目前，所有这些估计都由于技术上和统计上的不确定性而不太明确。这些不确定性是由于人们行为的难以预测的适应性变化（如臭氧消失报告已成为我们日常天气报道中的常规部分），以及对流层空气污染的局部性波动的结果所造成的。对全世界敏感人群中真实皮肤癌发病率的监测，至少在几十年中不会提供危险性改变的明显的证据。针对这种滞后情况，国际癌症署（世界卫生组织的一个机构）正在研究开发建立一种提供早期警告的人群监测体系的新方法。这种系统可能包含对早期与癌症有关的皮肤细胞损伤的测定，包括有特别基因变异的发生情况，这些测定是在居住在不同地理位置因而与 UVB 辐射接触的程度也不同的选择的人群中进行的。

对眼睛的影响

打个不恰当的比喻，当说到对紫外辐射的自然保护时，眼睛就是身体的"阿喀琉斯之踵"。这种辐射能相对自由地穿透过去的身体上的一部分就是眼睛——这是我们为能看到东西而付出的不可避免的代价。

危膜（在彩色的虹膜和瞳孔外面透明的一层）和能聚光的晶状体（位于虹膜后面）过滤掉太阳光中高能量的紫外辐射，不然，就会灼伤眼底后面接收光线的视网膜，结果，投射到角膜的紫外辐射中仅不多于 1% 能真正到达视网膜。然而，接触紫外线能通过损伤角膜晶状体和视网膜而逐渐损害视力。另外，因为投射的紫外辐射中通过晶状体的比例随着年龄上升而下降，孩子们对作用于视网膜的后果尤其敏感。

经过几十年，这种对紫外线保护性的吸收，使本来透明的一些组织变色（牛奶黄，尤其是晶状体中蛋白质的结晶体）。UVB 有足够的能量破坏角膜及晶状体中有机过氧化物分子，并放出非常活泼的、更小的自由基分子，包括氢氧根。在代谢活泼的角膜细胞中，醛脱氢酶消除由这些反应产生的醛。在更稳定的晶状体材料内部，这种自由基导致晶状体蛋白质的光氧化分解和交联，这会使晶状体失去透明性，人们认为这个过程会因缺乏营养而加强，即缺少蛋白质和几种维生素（尤其是维生素 A、维生素 C 和维生素 E），它们提供针对自由基分子打击后果的抗氧化保护。这有助于解释在非洲一些缺乏营养的人群中有着非常高的白内障发生率。

白内障大多在老人中发生，并且导致了世界上 2500 万 ~ 3500 万例失明病例中的 1/2 以上的病例。这个数字会随着发展中国家预期寿命的延长而显著上升。大约每 10 个 65 岁以上的澳大利亚人中就有 1 个人得白内障。美国每年进行超过 60 万例以上的白内障手术——它是由保健医疗制度补偿得最多的外科手术，每年社会总耗费大约 25 亿美元。有 2 种主要类型的高龄白内障：①发生在正中间（瞳孔后面）的核型白内障，它会致盲；②发生在晶状体周围的皮质白内障，通常不会致盲。在发达国家，核型白内障数通常会超过皮质白内障数——尽管两种类型常常在一个人身上发生。其他种类（如后部膜型白内障）也有发生。

白内障最常发生在阳光充足的地区和热带地区。然而，它们与地理纬度和周围紫外辐射水平的定量关系却很少有流行病学方面的证据。有些证据表明，核型白内障发生的频率随着纬度的下降而上升。这些证据包括一个对 1 万名美国人进行的全国性调查。在澳大利亚乡村早期居民中，患白内障的普遍性要比白种澳大利亚人大得多。另外，在早期居民中，与居住在南部较少与 UVB 接触地区的人相比，那些住在中部和西北部地区的人得白内障的频率要高 2 倍（尽管其中有些差别可能是由于职业而不是周围环境所造成的），全世界人口中白内障的发病率显示与一般皮肤颜色（或最主要的虹膜颜色）有明显的联系——尽管美国一项调查已经显示有褐色或淡褐色眼睛的人患病的危险性要高。如果通过"开放的"瞳孔进入的紫外线是晶状体不透明的主要影响因素，那么皮肤和虹膜颜色似乎就不太可能有什

137

么关系。

高级流行病学研究已对估计的人们接受紫外辐射程度与白内障发生情况之间的关系进行了检测。由于在估计人们一生中接触紫外辐射程度上的各种困难，这些研究很可能对这种关系的程度有些感觉迟钝。一项对工作于美国切萨皮克湾的"水上作业者"（主要是打鱼）进行的研究发现，一个人一生中估计的接触 UVB 的程度与皮质（不是核型）白内障的发生情况有着直接的关系。接触 UVB 程度增加 1 倍，皮质白内障的发生可能性上升60%。在美国、意大利和印度进行的其他此类研究也已在皮质及核型白内障两个类型上发现了相似的证据确凿的关系，但也有几种研究没有发现有什么联系。人们已在实验性动物，特别是老鼠身上，通过将其暴露于紫外辐射中而使其患上白内障。

138

根据各种流行病学研究，美国环境保护署预测，与 UVB 的接触量每增加 1%，高龄白内障的发病率将提高 4% ~ 6%，这种提高在 50 岁左右比在70 岁时更大。那种估计将核型及皮质型白内障放在一起考虑，尽管它们可能与接触 UV－B 有着不同的联系。

因为我们对白内障与紫外辐射间的关系及对面临的臭氧层损害的趋势还没有把握，所以对未来白内障上升的估计也只能是非常大概的。美国环境保护署已对目前美国人中将增加的白内障数作出了估计，这是 CFCS 排放的 6 个全球性后果的反映，估计数量从 1 万增至 323.9 万。最近，联合国环境规划署预计，持续 10% 的同温层臭氧的消失引起世界每年高达 175万例的额外的白内障病例。长期与太阳光接触可能会引起近视及晶状体前部包膜的变形而损害视力，对这一点联合国环境规划署已提出了最新的证据。

UVB 对眼结膜覆盖于白眼球和角膜之上的透明层有着更明显的影响，接触强烈的 UVB 会导致光角膜结膜炎（发生时通常像"雪盲"），而接触量持续增加可能增加眼翳的发生率。对翼龙（有翅膀的恐龙）而言，翳是眼黏膜上皮增厚而形成的翅膀状的多肉的组织。对在太阳光充足的天气中户外工作的工人而言，这种情况很普遍，这也是视力受损有时也是致盲的一个原因。上面提到的对"水上作业者"的研究发现了个体与 UVB 接触和眼翳的发生以及气候性点状角膜病的发生（一种变性蛋白质在角膜中沉降的现象，会引起不透明性）之间非常强的正向关系。在澳大利亚成年人中，眼翳在土著居民中的发生率为3%，非土著居民中则约为10%。从少量的数据中，人们估计紫外辐射量提高1%，澳洲土著居民眼翳的发病率会上升2.5%，而非土著居民上升14%。

在眼室后部的光感神经末梢膜——视网膜对紫外辐射很敏感。尽管在正常环境下，实际上没有紫外线到达视网膜，同温层臭氧的大量消失却会提高与之接触的可能性。光化学损害的结果会使视网膜退化，从而损害视力。事实上，已有一些尽管不一致但确实有的证据证明这种类型的"黑点"状退化与不断和太阳光接触有关。最后，视网膜上的黑点产生于保护性的脉络膜层，它就像给我们皮肤提供色素的黑色素细胞一样——如果发生异常的话，它们可能会成为恶性黑素瘤的开始点。

对免疫系统的影响

身体的免疫系统是防御外来抗原性物质的主要屏障，这些物质通常是似蛋白质的分子，像微生物和无生命物质中的灰尘、羽毛屑和花粉颗粒。免疫系统由一个协调良好的组织网、非特定防御性细胞（巨噬细胞和杀手细胞）及专门的且通常是运动的防御性细胞——它们能产生抗体并在体内巡逻以发现并攻击不相容的分子所组成。紫外辐射接触的增加会抑制身体的免疫性。对人类而言，这种结果大部分与皮肤色素沉着无关，无论是先天的还是后天的，因此它对全世界都有潜在的意义。

然而，这是一个相对较新的研究领域，因此对其的研究还有许多不确定因素。事实上，这种生物进化的"目的"，即由于与紫外辐射接触的增多而导致的免疫抑制性效果的"目的"——如果这种目的存在的话——还仍然是一个谜。目前还没有由于免疫系统受影响而导致的健康紊乱是由与地理环境中UVB相关的变化造成的流行病方面的系统的证据。然而，在老鼠和人类（较小的范围内）身上所进行的实验显示，UVB辐射可抑制皮肤的接触性过敏；减少免疫活跃的细胞（胰岛细胞）的数量和功能；刺激对免疫有抑制作用的T-抑制细胞的产生；改变在血液中循环的有免疫活性的白细胞外形。这些与免疫有关的细胞的数目和功能的紊乱在取消紫外线照射后仅持续几天或几周。它们实际上是选择性效果，并且并不像一些病毒及某些药物一样在人体中引起整体性免疫抑制。

如果免疫系统被严重破坏，当环境中一些感染性微生物与人接触时，机体就不能再生存下去。这样的话，臭氧层消失的一个可能后果，是平时由皮肤中的细胞调控的免疫能力就可能在皮肤感染性和霉菌性疾病的抵抗力方面下降。皮肤是有着高度免疫的活性组织。夏天在脸上由疱状单形病毒（唇疱疹）所引起的不断增多的损害，在相当程度上表现了紫外辐射对皮肤免疫活性的影响。对老鼠的研究显示：疱状单形病毒的激活和复制紧跟着由紫外辐射引起的局部免疫防御性的抑制发生。

最新证据表明，紫外辐射可导致更广泛的免疫抑制。尽管这种效果使感染性疾病易发生，因而对公众健康有着潜在的重要意义，然而人方面的研究仍做得很少。被紫外线照射的老鼠对结核菌的免疫反应减弱，且将其从内脏器官中消除的能力在下降。另外，由人工培养的被紫外线照射的皮肤细胞所分泌出的可溶性化学物质细胞浆被注入老鼠身体内时，会抑制巨噬细胞的细菌破坏活性——这是免疫学防线中的第一道防线——也就是滞后型过敏反应。（在控制结核菌方面有关免疫系统重要性的并不好的证据，已经在被对免疫有摧毁性的艾滋病毒感染的人身上得到了普遍确认。在被HIV感染的人群中，临床结核菌活跃性比率急剧上升，在非洲及最近在印度尤其如此。）由于紫外线导致的对感染的敏感性在一些贫穷国家会变得重要，这些国家内脏功能紊乱性疾病较多，感染性疾病的问题也很普遍，像肺结核、麻风病和黑热病——一种在热带、亚热带国家很普遍的皮肤病，它由沙蝇传播，会引起持续的大面积的疼痛，并由此引发许多疾病，许多人也因此死去。事实上，对老鼠进行的实验性研究显示，像麻风病和黑热病这样的慢性皮肤感染，可能会由于皮肤局部的由细胞调控的免疫力受到抑制而特别易受影响。总之，这样或那样的研究报告都显示，由于细菌、真菌、病毒和原生动物引起的感染性疾病，都可由于因紫外线而导致的系统免疫抑制而被加剧。联合国环境规划署已经发出警告，与紫外辐射接触的上升可能会因免疫受抑制而对艾滋病的临床发展更有利。

一个相关并潜在的危险将是疫苗有效力的降低。为了获得良好的免疫活力，机体对疫苗的抗原必须作出强有力的反应。对通过皮肤注射疫苗的接种而言（如结核病），由于紫外线引起的对抗原的局部细胞免疫反应受到抑制机体的反应会受到损害。尽管有关这方面的证据还很少，但最近对年轻的成人志愿者进行的一项实验性研究已经发现，接触紫外线少量的增加就会损害皮肤对抗原的免疫反应，而足以引起局部晒伤的接触会抑制身体各处没被照射到的部位的反应性。另外，看上去浅、深皮肤人种所受的影响都相同。当世界卫生组织努力使全世界的儿童对主要的传染病有免疫力的时候，任何由于营养和感染而已在免疫学意义上变得更虚弱了的人群中，此类免疫反应性的削弱可能会部分地阻碍那种英雄式的努力，尽管这只是推测。

免疫系统也是身体抵御癌症的一个部分。对此强有力的证据来自对那些先天免疫系统缺陷的人、有免疫抑制且进行了器官移植的病人及由于免疫受损而得艾滋病的人进行的研究。所有这些人都有产生癌症的更大的可能性，尤其是非黑素瘤性皮肤癌、淋巴系统癌症（如淋巴癌）及其他几种被认为是由于病毒引起的癌症。在从人体细胞中查找滤过性毒菌的 DNA 的分子生物技术的协助下，人们可能会发现病毒在更大范围内与人类癌症有关，由于紫外线引起的免疫防御所受的抑制可能造成多方面的影响。爱泼斯坦—巴尔病毒（EBV）是一个非常有意义又有趣的例子，因为看上去它应对免疫受抑制人群中发生的淋巴癌负责。它是一种与人类一同进化的古老的病毒，被人们以无症状的感染方式一生携带，且一直被免疫系统的 T 细胞所控制。然而，对免疫系统的抑制——不论是由于对器官移植病人用药还是由于进化的新的艾滋病毒引起的——都会干扰这种良性关系并将 EBV 转变成一种致癌病毒。

与 UVB 的实验性接触会抑制老鼠的免疫系统，使其对导致癌症的化学物质变得更脆弱。同样，将老鼠皮肤的癌移植给先前照射过 UVB 的老鼠要比移植给那些没有照射过 UVB 的老鼠长得更快。这些癌症的增多有可能是由于某种因紫外刺激而形成的白血细胞——抑制性 T 细胞，它存活在正常身体的抗脂肪防御体系中。由此，除了直接导致皮肤癌，与 UVB 接触可以促使在正常情况下被免疫系统监视着的其他类型的癌变的发生。

温室效应与传染病

瑞典两名医学研究人员近日通过调查指出，温室效应所带来的气候变暖正在造成传染病激增的恶果。

据瑞典通讯社报道，斯德哥尔摩大学的林德格伦和瑞典卡罗林斯卡医学院的古斯塔夫松在调查扁虱脑膜炎在斯德哥尔摩地区的发病率时获得了这一结论。他们发现，20世纪70年代末时，斯德哥尔摩地区每年每百万人中大约只有10人传染上扁虱脑膜炎，而到90年代时这一数字却增加到30人左右。

他们认为，最近20多年来，温室效应带来的气候变暖，使扁虱脑膜炎的传染体扁虱在斯德哥尔摩地区增加得很快，如在过去10年里其增幅达到了16%。此外，在瑞典北部沿海地区，以往很难见到的扁虱在过去10年里却增加了40%。

人体对气候变化程度和速度非常敏感、脆弱，曾经蔓延的"非典"就可能与气候变化有关。

气候变化对健康的直接影响来自于温度和极端天气、海平面上升。而降雨量和温度的变化，可能扰乱自然生态系统，改变传染病的生态环境，损害农业和新鲜水的供给，加重空气污染，引起动植物群落大范围的重组。这些间接因素对人体健康有更大的累积影响。

世界卫生组织指出，如果世界各国不能采取有力措施确保世界气候正常，到2020年，每年将有70万人死于非命。

对地球升温最敏感的是那些居住在中纬度地区的人们，暑热天数延长以及高温

"非典"时期

高湿天气会导致以心脏、呼吸系统为主的疾病或死亡。持续性炎热比瞬时高温对死亡率有更大的影响。由于"热岛效应"，城市市区不仅高温而且持续时间长，热浪又与高污染水平相联系。因此，气温增暖给许多疾病的繁殖、传播提供了更适宜的温床。例如在纽约和上海，一旦温度超过一定的阈值，日死亡率就显著增加。1995年7月发生在芝加哥的热浪，4天里死了726人。

在人类历史上，几次难以控制的瘟疫爆发迅速改变了人类的文明史。虽然疾病的蔓延与人口增长和城市化有关，但是迅速变暖的气候也许是全球范围疾病扩展传播的刺激因素。气候变暖会改变气候带的界线，这就会给许多"喜热病菌"提供更广阔的生存、活动空间。此外，气候变化还可以通过各种渠道对发病率产生影响。

在环境和社会压力的共同作用下，全球气候变暖会影响疾病控制的效果，当前全球范围的暖化趋势使数以百万计的人们面对许多新疾病的侵袭。外来传染病一旦传入某地，就几乎不可能再将其完全清除。

世界卫生组织1996年报告说，至少有30种新的传染病在过去20年里出现，传统的传染病登革热曾在西半球销声匿迹，但现在又在美洲传播开来。非洲中部的高原地带竟然流行起了疟疾。全球范围的疟疾、登革热和霍乱等疾病卷土重来及新的传染病出现，已经影响到全人类的健康，影响到国际贸易、旅游业、农业经济的发展等领域。1991年，秘鲁因霍乱流行使海产品出口和旅游业损失了10亿美元。印度航空业和饭店业因1994年鼠疫流行损失了20亿美元。游船不敢靠近受到登革热肆虐的加勒比海国家，致使该地区损失120亿美元的收入，50万旅游业雇员失业。

曾有科学家发出警告，由于全球气温上升令北极冰层融化，被冰封十几万年的前致命病毒可能会重见天日，导致全球陷入疫症恐慌，人类生命受到严重威胁。

据俄罗斯《真理报》披露的消息说，1999年，一支科学考察队在南极大陆的永久冻土带上发现了前所未有的一种"神秘病毒"，无论是人还是动物对它都没有足够的免疫力。由于该病毒"休眠"在南极永久冻土带底层，

143

暂时还不会对地球上的人类形成威胁。然而美国科学家警告，如果全球气候持续变暖到一定程度，那么这种未知病毒可能会复苏并四处散播，到那时，地球上成千上万的物种将面临灭顶之灾。

这项新发现令研究人员相信，一系列的流行性感冒、小儿麻痹症和天花等疫症病毒可能藏在冰块深处，目前人类对这些原始病毒没有抵抗能力，当全球气温上升令冰层融化时，这些埋藏在冰层千年或更长的病毒便可能会复活，形成疫症。科学家表示，虽然他们不知道这些病毒的生存希望，或者其再次适应地面环境的机会，但肯定不能抹煞病毒卷土重来的可能性。

环境保护

节 能 减 排

绿色工业——清洁生产

绿色工业是指的是实现清洁生产、生产绿色产品的工业，即在生产满足人的需要的产品时，能够合理使用自然资源和能源，自觉保护环境和实现生态平衡。其实质是减少物料消耗，同时实现废物减量化、资源化和无害化。一切工业污染都是因为工业生产过程中对资源利用不当或利用不足所导致。

随着科学技术的进步，人们在征服自然的历程中逐步走向辉煌，与此同时也遭到了自然界可怕的报复："蓝天白云"对不少城市人已经陌生，人们已习惯于呼吸污浊的空气，承受天降酸雨的痛苦，人类生存的地方成了自然界最大的垃圾箱，这些不能不引起人们反思。经济学家赫尔曼·戴利认为："人类对地球做了长达半个世纪的商业性清理大拍卖，这一过程结束时将给人类留下一个备受污染、肮脏不堪的污星。"而丹尼斯·海斯则提出一个反问："我们怎么会斗争得这么艰苦？我们已经打赢了许多战役，为何最后却发现自己正处于失败的边缘呢？"答案在于我们未能改变导致环境恶化和资源枯竭的人类活动模式。为了改变这一失败的现实，环境科学家们提出了"清洁生产"这一新概念。随着人们环境意识的加强，"清洁生产"

不再陌生。

1. 什么是清洁生产

"清洁生产"（Cleaner Production）一词由联合国环境规划署工业与环境规划活动中心于1989年最先提出。该中心将它定义为："清洁生产是指将综合预防的环境策略持续地应用于生产过程和产品中，以便减少对人类和环境的风险性。对于生产过程而言，清洁生产包括节约原料和能源，淘汰有毒原材料并在全部排放物和废物离开生产过程以前减少它们的数量和毒性。对产品而言，清洁生产策略旨在减少产品在整个生产周期过程中对人类和环境的影响。"《中国21世纪议程》将清洁生产定义为"既可满足人们的需要又可合理使用自然资源和能源并保护环境的实用生产方法和措施，其实质是一种物料和能耗最少的人类生产活动的规划与管理，将废物减量化、资源化和无害化，或消灭于生产过程之中。同时对人体和环境无害的绿色产品的生产将成为今后产品生产的主导方向"。

清洁生产至今尚未形成一个统一的概念，但其实质贯穿了预防为主的思想，即在工业生产中减少废物产生量，变原来的末端控制为从"摇篮"到"坟墓"的封闭式全过程控制。清洁生产包括清洁的生产过程和清洁的产品2个方面，具体有以下3层涵义：①对自然资源通过产品设计、原料选择、工艺改革、技术管理和生产过程产物内部循环等环节最大限度地加以利用，获得最佳的经济效益；②对受技术水平限制尚无法全部利用并以污染物形式排放出来的各生产环节物质实行在线控制或全过程控制，使最终产出的污染物对环境造成的污染最小化，并向"零排放"方向发展；③对利用清洁技术生产出来的工业产品，在使用和报废时同样不能对环境造成污染和危害。

由此可见，清洁生产不仅要求技术上的可行性，而且要求工艺上的先进性；不仅要求环境上的无污染，而且要求经济上的可盈利性，体现着经济、社会和生态环境效益的高度协调统一。

2. 开发清洁生产技术是清洁生产的关键

清洁生产技术也叫无害环境技术、低废无废技术或绿色技术。要使废物的排放降到最低限度，保证各行各业都能"洁身自好"，必须开发、研制和推广各种清洁生产技术，才能建立起比较完善的清洁型闭合生产与消费体系。具体技术主要包括：

（1）以煤为主的各种节能降耗技术。包括煤炭脱硫技术、除尘技术、煤电和热电联产技术、煤矸石发电技术、洗精煤技术等，实施一批节能示范工程，不断提高节能率。

（2）各种物料回收与综合利用技术。包括废水回收与处理技术、废水资源化技术、城市大气污染综合治理技术、固体废弃物（垃圾）无害化与资源化利用技术、矿山复垦技术、生态环境恢复技术等。通过这些技术的研制与开发利用，不断提高自然资源和垃圾资源的综合利用程度，实现净化环境与提高效益的双重目标。

（3）各种新型清洁生产技术。包括生物工程技术，信息技术，以核能、太阳能和风能为主的新能源技术，各种资源替代和产品替代技术等。利用这些技术的高科技产业是现代产业的主要发展方向。

通过上述清洁生产技术的研制、开发和推广应用，将逐渐淘汰技术工艺落后、资源消耗高、严重污染环境的生产工艺设备，重点发展能源和原材料消耗低、技术含量高、清洁无污染、附加值高的技术密集型和知识密集型产业，生产出更多的绿色产品，以更好地为人类服务。生产清洁产品是清洁生产的核心，清洁产品不仅是清洁生产各种效益的物质载体，而且是体现清洁生产与环境相互作用的基本单元。清洁产品通过市场衔接了清洁生产与清洁消费两大领域，环境因素正在上升为决定清洁产品命运的关键因素。可见，在现代市场经济条件下，生产清洁产品是实施清洁生产的核心。生产清洁产品包括产品的清洁设计（绿色设计）和产品的环境标志2个方面。

（1）产品的清洁设计要求在产品生产的全过程中始终体现环境准则。具体表现为：少用短缺的原材料，多利用废料或再循环物作原料；少用或不用强污染或有毒、有害的物质作原料；树立"小而精"、"小而轻"的产品包装思想，减少包装物料损失；采用合理工艺，简化产品工艺流程，谋求生产过程废物最少化；落实产品报废后回收、复用和再生循环利用的具体方法，保证分散在环境中的报废产品或其组分与环境相容；将产品的环境影响作为衡量产品质量和档次的重要尺度。

（2）产品环境标志是利用消费者的环境意识和购买行为，通过市场机制对已产出的产品保证其应有的"环境性能"：一方面促进清洁产品的销售；另一方面强化消费者的清洁生产意识和环保意识。目前产品环境标志已成为国际贸易中的一种规范，中国政府也已决定实施产品环境标志，旨在推动清洁生产向更广泛、更深入的方向发展。实现可持续发展是清洁生产的最终归宿。可持续发展是指既能满足当代人需要又不损害后代人生活所需的发展，它要求自然资源必须永续利用、经济保持适度增长、生态环境得以良性循环、社会稳定健康发展。走可持续发展之路现已成为中国"九五"计划和2010年远景目标的首要战略。实现可持续发展的一项重要途径就是推广清洁生产、开发清洁产品。随着人们对经济与环境协调发展内涵认识的不断深入，清洁生产理论将最终成为可持续发展的基本理论之一。在现代市场经济条件下，若要实现人口、资源、环境、经济与社会的持续协调发展，清洁生产是必不可少的重要手段。

联合国环境规划署与澳大利亚环保组织"清洁澳大利亚"联合发起了"清洁世界"运动。该运动发起人艾恩·基尔南曾说道："尽管我们永远也不可能确切地知道我们到底收集了多少垃圾，但我们真正的成功在于我们团结了许多的团体和个人，并且让他们知道：世界上有许多人也如他们一样关注着全球的环境状况，并准备为之而奋斗。"目前，世界各地已有104个国家和地区参加了"清洁世界"运动。该运动向全世界呼吁：让我们携起手来，清洁你的国家，清洁你的社会，清洁你的民族，也包括清洁自我，不仅给自己，更重要的是给子孙后代留下一片净土，留下一个干净富足的社会！

绿色消费

生态学上，将所有的生物划分为三大类：生产者，消费者，分解者。生产者指各种绿色植物，因为它们可以利用太阳的光能和二氧化碳，通过光合作用生成有机物。消费者指各种直接或间接以生产者为食的生物。我们人类被列入消费者的行列。分解者指各种细菌、真菌等微生物，它们分解生产者和消费者的残体，将各种有机物再分解为无机物，归还到大自然中去。整个自然的各种生命，组成了一个完美的循环。

随着生产力的发展，我们人类的消费也逐渐变得越来越复杂。在原始阶段，人类不外乎是采集野果，捕捉猎物，消费的剩余物也是自然界中的东西，很容易被分解者还原到自然中去。而在近代和现代，人工合成了许多自然界不存在的消费品，如塑料、橡胶、玻璃制品等，这些消费品的残余物，被人类抛弃进了大自然中，但分解者还没有养成吃掉它们的"食性"。塑料、橡胶、玻璃等难以腐烂，难以在短期内重新以自然界能消融的形式再返大自然，便作为垃圾堆存下来。

另外，我们所使用、所食用的东西，它们的生产过程已经不是纯粹的自然过程，因此，它们的生产也对环境产生了影响。例如，我们吃的面粉，它的生长过程需要大量的人工、机械，甚至化学药剂的投入。首先，麦种可能是人工培育出的高产杂交品种，需要农业生物学家的研究和育种，种植时需要机械播种；接着在生长过程中为了提高产量可能需要施加化肥，为了抵抗害虫的侵袭而喷洒杀虫剂，为了去除野草使用除草剂；最后还要机械收割，脱壳，再磨成粉，去除麸皮……小麦的生长阶段和面粉的加工过程中，都会对环境产生影响。播种、收割用的机械，需要人工制造，钢铁需要从采矿开始，到制成机身；机械的开动需要柴油或汽油等能源；未被吸收的化肥会随着径流流入河流、湖泊，造成富营养化；农药会杀死害虫以外的其他生物，还会残留在土壤中，破坏土壤结构，加剧土壤流失。

绿色食品并不是指绿颜色的食品。奶粉可以是绿色食品，牛肉也可以是绿色食品。如果你注意观察，许多食品的包装袋上都有一个小绿苗的标志，旁边有"绿色食品"的字样。这些食品在生产和加工的过程中，尽量不用或少用化学药品。因为化学药品可能会残留在食物中，随着进入人体，对我们的健康造成损害。例如，果园里喷洒农药，农药会残留在水果的表皮中；用生长激素喂猪，激素会进入猪肉中，人吃了这样的猪肉，激素会影响人体的新陈代谢和正常发育。有机食品比绿色食品的要求更严格，它们的生产过程完全不允许使用任何化学合成物质，它们是真正无污染、高品位、高质量的健康产品。

1. 工业化国家的消费方式及其影响

2300年前亚里士多德就说过：人类的贪婪是不能满足的。在人们面对丰富的物质世界、琳琅满目的商品、各种各样娱乐方式时，人们有着不断膨胀的物欲，想得到的是更多的物质。工业化国家过去几十年中形成了一个消费主义社会，消费被渗透到社会价值之中。在国家经济增长的政策中，消费被看作是推动经济发展的动力。在第二次世界大战后开始富裕的美国，一位销售分析家声称："我们庞大而多产的经济……要求我们使消费成为我们的生活方式，要求我们把购买和使用货物变成宗教仪式，要求我们从中寻找我们的精神满足和自我满足……我们需要消费东西，用前所未有的速度去烧掉、穿坏、更换或扔掉。"

事实上，几十年来，西方工业化国家正是沿着这么一条道路在发展，创造了一种高消费的生活方式。在经济逐渐起飞的发展中国家，人们也在拼命追随这种标志着所谓"现代生活"的消费主义潮流。占世界人口1/5的西方工业国家的消费者们，把世界总收入的64%带回家中。他们消耗了更多的自然资源，对生态系统的影响也更大。在世界范围内，从20世纪中叶以来，对铜、能源、肉制品、钢材和木材的人均消费量已经大约增加1倍；轿车和水泥的人均消费量增加了3倍；人均使用的塑料增加了4倍；人均铝消费量增加了6倍；人均飞机里程增加了33倍。这些消费的迅猛增加都与一定程度的环境损害相联系。这些增加的消费，主要发生在发达国家；一些发展中国家的消费水平也有了一些提高。而最贫穷的国家，消费几乎没有什么变化。就美国而言，今天的美国人比他们的父母在1950年多拥有2倍的汽车、多行驶2.5倍的路程、多使用21倍的塑料和多乘坐25倍距离的飞机。高消费的生活方式给环境带来了巨大影响。这种生活方式需要巨大的和源源不断的商品输入，例如汽车、一次性物品和包装、高脂饮食以及空调等物品——生产和使用它们需要付出高昂的环境代价。给消费主义社会提供动力来源的矿物燃料，释放出的二氧化碳占所有矿物燃料释放出二氧化碳的2/3；工业化国家的工厂释放了世界绝大多数的有毒化学气体；他们的空调机、烟雾辐射和工厂释放了几乎90%的臭氧层消耗物质——氯氟烃。而且，工业化国家的许多消费，需要从贫穷国家输入原料。贫穷的发展中国家为了偿还外债或使收支相抵，被迫出卖大量的初级产品，而这些产品会损害他们的生态环境。巴西便是一个活生生的例子：因为背负着一笔超过 1000 亿美元的外债，巴西政府通过补贴来鼓励出口工业。结果，这个国家成为一个主要的铝、铜、钢铁、机械、牛肉、鸡肉、大豆和鞋的出口国。工业化国家的消费者得到了便宜的消费品，而巴西却受着污染、土地退化和森林破坏的困扰。

2. 贫穷国家的贫困及其环境影响

世界上有大约 11 亿人口挣扎在贫困线上。他们主要生活在南亚、撒哈拉以南的非洲和拉丁美洲的部分地区。这些占世界 1/5 的人口只得到了世界收入的 2%。他们住在茅草棚中，得不到洁净安全的饮用水；他们一无所有，步行能及之处是他们的生活领域。他们尚在为吃饭发愁，处于营养不良状态。为了获得粮食，他们不得不在不砍伐森林，以破坏自己的生存环境为代价来满足生存的需要。

工业化国家的消费主义在影响着发展中国家，高消费的生活方式被错误地当作一种先进的时尚而被追随。宽敞的住房、私人汽车、名牌服装等成为发展中国家新近富有起来的阶层的标志。而进口食品、冷冻食品、一次性用具、各种家用电器、空调等在寻常人家也越来越普遍。改革开放后，中国的经济迅猛发展，人们的生活水平也有了很大的提高，消费水平随之上升。

本杰明·富兰克林曾经说过："金钱从没有使一个人幸福，也永远不会使人幸福。在金钱的本质中，没有产生幸福的东西。一个人拥有的越多，他的欲望越大。这不是填满一个沟壑，而是制造另一个。"高消费的生活方式是否令人们感到更幸福呢？就像人们常说的：幸福是金钱买不到的。对生活的满足和愉悦之感，不在于拥有多少物质。我们可以看见贫穷而快乐的家庭，也可以看见富有而不幸福的家庭。据心理学家的研究，生活中幸福的主要决定因素与消费没有显著联系。

牛津大学心理学家麦克尔·阿盖尔在其著作《幸福心理学》中断定，"真正使幸福不同的生活条件是那些被三个源泉覆盖了的东西——社会关

151

系、工作和闲暇。并且在这些领域中，一种满足的实现并不绝对或相对地依赖富有。事实上，一些迹象表明社会关系，特别是家庭和团体中的社会关系，在消费者社会中被忽略了；闲暇在消费者阶层中同样也比许多假定的状况更糟糕。"因此，我们应该摒弃拥有更多更好的物质便会更满足的想法，因为物质的需求是无限的。而生活的物质需要是可以通过比较俭朴的方式来实现的。幸福和满意之感只能源自于我们自身对家庭生活的满足、对工作的满足以及对发展潜能、闲暇和友谊的满足。既然幸福与消费程度不显著相关，幸福只是一种内心的体验，追求幸福之感则没有必要通过追求物质生活的享受来实现了。

推广"绿色汽车"

什么是"绿色汽车"呢？绿色汽车可不是指颜色为绿色的汽车，而是指环保型汽车，这种汽车有3个突出的特点：

（1）可回收利用

在环保方面走在世界前列的德国规定汽车厂商必须建立废旧汽车回收中心，宝马公司生产的汽车可回收零件的质量占总质量的80%，而其把目标定为95%！几乎整辆车都可以重新利用了。从总体上看，美国是世界上汽车回收最好的国家，每辆汽车的75%都可重新利用。

（2）低污染

如今，汽车废气已成为城市的主要污染源之一，因此，消除汽车尾气的污染十分重要。美国壳牌石油公司开发出一种新型汽油，这种汽油含有一种称为含氧剂的化学物质，使汽油能够充分燃烧，大大减少了有害气体的排放。法国的罗纳—普朗克公司发明了一种具有"显著催化性能"的添加剂，这种添加剂能够消除汽车发动机上散发出的90%的粒子和可见的烟，并在国外的公共汽车上进行了成功的试验。

（3）低能耗

降低能耗就意味着要提高燃料的利用效率，那么排放的废气中的有害物质也就相应减少，从而也减轻了污染，从这个角度讲，低能耗和低污染是并存的日本就深谙此道，1999年日本推出一种汽车节能装置，可以节省

25% 的燃油，同时排出废气量可减少 80%。

1. 各种"绿色汽车"

汽车的发明至今不过 100 多年，然而汽车就像一支支贪得无厌的吸嘴，会把地球上蕴藏的石油吸吮而尽。世界每天消耗 7000 万吨石油，驱动超过 6 亿辆汽车。节约能源、保护环境已成为人们关注的全球性的热门话题。汽车采用替代燃料不仅是因为要解决环境污染问题，而且是因为要解决石油资源日益贫乏的问题。据预测，世界石油储量仅够维持 45 年。

发展绿色环保车已成为各国科学家一项重大的研究课题。美国首当其冲，早在 1976 年，美国就公布了《电动汽车研究、开发及演示法》，为电动汽车的开发研究及产业化奠定了基础。电动汽车是目前绿色汽车开发的"重头戏"。日本也不甘落后，他们精简产品种类、拉长产品周期，用节省下来的资金研制绿色汽车，也取得了很多成果。

（1）电动汽车和混合动力汽车

绿色环保汽车最理想的能源是电能。它彻底解决了内燃机汽车的排气污染问题，是一种最有前途的替代汽油、柴油的汽车能源。用蓄电池电能作为动力的汽车，称为电动汽车，又被称为"零污染汽车"或"超低污染汽车"。电动汽车具有无污染、噪声小、操作简单等优点，是现有交通工具中除内燃机汽车以外发展最快的运输工具之一。

据美国《大众科学》杂志 2000 年 9 月号报道，正当人们推崇电动汽车，认为这是实现零排放的最好选择的时候，一种新一代的无污染的内燃发动机即将诞生。据说，新一代的内燃发动机不仅十分高效，而且十分洁净，以至在空气污浊的日子里，这种发动机所排放的废气甚至比司机呼吸的空气还要干净。如果这种无污染汽车成为未来汽车的发展趋势，那无论

电动汽车

是对环境保护，还是对汽车厂家、对消费者都是一桩幸事。

太阳能汽车

（2）太阳能汽车

太阳把光明和温暖送到了人间，太阳能同时也成为地球上重要的能源。太阳能是真正洁净的能源，在利用的过程中几乎没有污染，而且，太阳能还具有取之不尽、用之不竭的特点，不像石油再有四五十年就可能会枯竭。把太阳能转变为电能储存在蓄电池中，再把电池安装在汽车上，电池释放的动能驱动着汽车到处跑，这种汽车就是新型的太阳能汽车。

进入 21 世纪，科技的发展一日千里，前几年还是作为概念车的太阳能汽车，现在已具有了一些实用价值。这是彻底意义上的绿色环保车。但太阳能汽车要真正替代内燃机车，还有很长的路要走。

（3）氢气汽车

氢气作为动力燃料，已广泛用于各种空间飞行器，由于氢气中不含碳元素，因此燃烧时不产生 CO_2，比甲烷（CH_4，天然气的主要成分）更洁净，此外，它是资源最丰富的化学元素之一，以至于科学家将 21 世纪喻为"氢的时代"。氢燃料电池很有可能成为汽车最佳动力源之一。

虽然各国在研制氢气汽车方面都有了一些进展，但专家估计，要使之真正商品化还需 20 年左右的时间。

（4）酒精汽车

在巴西，酒精汽车曾经最为流行。为减少石油进口，巴西从 1974 年开始实施酒精代替石油计划。1986 年，巴西用甘蔗生产了 150 亿升酒精并用于汽车燃料，约占该国汽车燃料的 50%。

（5）甲醇汽车

最近，日本甲醇汽车公司生产的首批甲醇汽车在东京投入运营。美国福特、通用和克莱斯勒等汽车公司也在研制生产甲醇汽车。

（6）天然气汽车

目前世界上天然气汽车已达 500 多万辆，约占汽车保有量的 1%。同传统的汽油汽车相比，液化石油气汽车运行成本只有汽油车的 65%。天然气价格比汽油低 1/3，故天然气汽车可以节约 20% 的费用。更为重要的是天然气汽车可以大大减少二氧化碳的排放量，减少有害气体对环境的污染，与汽油车相比，在排放的污染物中，一氧化碳减少了 90%，碳氢化合物减少了 80%，氮氧化物减少了 87%。

（7）"饮水"汽车

人们设想用当代最高级的能源——核能作为汽车动力源。核聚变的主要原料是氢、氘等，将从海水中提取氘的装置与核反应堆装置配套使用，汽车就能拥有用之不竭的能源。这种"饮水"汽车其实是核能汽车。

（8）"噬菌"汽车

气态氢是一种无污染、高热值的燃料。人们已经研制成功用光合作用培养细菌来生产氢气，这种汽车时速可达 200 千米。

（9）"侏儒"车

美国还研制了燃烧效率比现有汽车高 3 倍的、风靡欧洲的电动"侏儒"车，该车具有速度高、低公害、易操作和微型化等众多优点，这种新型绿色汽车已经开始进入实用化的阶段。

（10）碳素纤维汽车

日本东京电力公司最近推出一种以碳素纤维为车身的汽车，这种汽车的最高速度可达 176 千米/小时，被专家们称为绿色汽车的楷模。据德国宝马汽车公司测算，目前仅欧洲每年退出使用的汽车就达 2000 万辆，其中宝马公司年报废汽车将达到 25 万辆，因此，如何有效地回收利用材料成为一个研究的课题。

新时尚生活

1. 自行车的回归

在城市交通中，一辆公共汽车所占据的道路面积仅能供 10 辆自行车行驶。公交车辆的运营效率是自行车的 6.6 倍,自行车大行其道,不仅增加了骑车人的体力和时间消耗,而且降低了道路运营能力,加剧了交通拥堵状况。自行车和机动车混行,还增加了交通事故的发生率。

自行车机车混行

然而,在交通拥堵比较严重的大城市中心地区,公交车辆的车速下降至与自行车不相上下,只有 10 千米/小时;北京市公共汽车速度仅有 8 千米/小时;据说曼谷不到 5 千米/小时。在速度相近的情况下,自行车灵活性强的优势就显现出来了。这也是人们宁愿日晒雨淋也要骑车出行的一个重要原因。

许多居民重新骑上了自行车。据报道,上海市居民 20 世纪 70 年代乘坐公交车与使用自行车的比例为 6∶4,现在倒过来了,为 4∶6;天津市则由 2∶8 变为 0.7∶9.3。

2. 重返步行街

人类出行大概再也无法放弃汽车,就像难以放弃直立行走一样。然而,人们还是划出了一块块禁止车辆通行的地方,为心灵的退避留下了余地,这就是步行街——都市生活中最后一些免遭汽车碾过的街区。在这里,人们尽可以悠然漫步,观光购物,既不受汽车废气和噪声之苦,也不必为交通安全担心。

在汽车交通发达的国家,都市里形形色色的步行街相当普遍。有的步行街经过专门规划建设,在街道两旁种植了高大的树木,修建了喷泉,设立了雕塑,并在车辆交通上采取完全封闭方式,禁止一切车辆在任何时间进入。有些步行街则在规定时段内禁止车辆通行。比如,东京银座至上野长街,平时照常通车,每到星期日就禁止车辆通行,改为步行街。欧洲小国列支敦士登规定星期日为无汽车行驶日，就连外国游客都必须把汽车停放在国境之外，成为一个步行国。

德国是世界上步行街发展最早、最快，也最多的国家之一。早在1927年，德国埃森市政当局就采取了封闭交通的方式，从而形成了最早的步行街。在英国和美国，每座城市的中心都设有几条步行街。巴西圣保罗市的步行街有80多条，一些街道允许行人滑旱冰通过。日本城市的限时步行街也很多，有"步行者的天堂"之誉。今天，全世界已有1200多个城市辟有步行街。

早期步行街的设立，主要是出于交通安全的考虑。这些街区多为城市繁华地带，商业设施稠密，顾客流量很大，车辆频繁穿梭往来极不利于行人安全、不利于他们从容地浏览和购物，尤其是携带儿童的年轻父母，几乎一步也不敢离开自己的孩子。

在现代都市中，步行街被纳入市政当局的规划之中，在传统商业街和文化街的基础上经过改建之后，它不仅隔绝了车辆交通的嘈杂，而且以其浓厚的文化品味和独特的街区风情，成为人们休闲与购物的胜地。在这里，人们可以轻松自由地漫步，享受市井文化的情趣。

步行街

3. 郊区化运动

面对汽车的洪流，步行街是一种逃避，它成为都市中最后一块保留地；相反地，私人汽车使郊区住宅不再遥远，带给人们远离尘嚣的逍遥。当人们驾着私人汽车，逃离拥挤和喧嚣的闹市，驶过一条条宽阔的林荫大道，拐进市郊这种绿树与草地环绕的私宅区时，清新的空气会迎面扑来，此时人们的心情会无比舒畅。

随着城市空气质量的急剧下降，城市居住空间的大幅缩减和居住环境的日益恶劣，人们已经不再迷恋于城市灯红酒绿的喧嚣与繁华。城市之外

郊区活动

清新的空气、怡然的田园、宽敞的居住空间越来越受到人们的青睐。随之而来的便是郊区化运动的蓬勃开展。20 世纪 70 年代以来，汽车社会受到了越来越多的怀疑和责难。美国城市的郊区化在城市发展趋势中不仅没有被削弱，反而逐年增强。从 1970 年到 1976 年，居住在城市的外围的住户，其比例从 51.16% 上升到了 54.55%。

4. 回收热潮

报废汽车作为垃圾是一种极大的浪费。将报废汽车上可用零部件回收、利用，不仅可以避免资源的浪费、降低汽车制造成本，还可以在很大程度上减少对环境的污染，可谓"一举三得"。

美国是世界上回收汽车最有效的国家之一，目前每辆汽车总质量的 75% 的部分都已重新回收利用起来。方式之一是把汽车上值钱部件加以翻新，再重新出售。像这种回收、加工再利用的汽车零件商在美国有 12000 家之多，年营业额达到几十亿美元。

在汽车零件中，轮胎的回收最有意思。

在美国，人们不经意间用上的产品就可能是利用回收的废旧轮胎制作的。美国人每年要扔掉 2.7 亿个旧轮胎，相当于每人 1 个。这些旧轮胎中有 64% 被回收利用，制成燃料油、地面胶、汽车部件以及其他家用或工业用橡胶粒等。这成为环保产业的一部分。

在回收的旧轮胎中，2/3 被用来生产燃料油，马萨诸塞州的绿人公司就是一家专门回收废旧轮胎生产燃料的厂商。从每个废轮胎里可以提炼出 9.5 升燃料油。这家公司每年回收 1700 万个轮胎，其产品则提供给各家发电厂、造纸厂和水泥厂。1999 年该公司获纯利润 470 万美元。

俄勒冈州另一家回收轮胎的公司，用旧轮胎来生产马厩用的垫子。这种垫子铺在马厩内的地面上，既可以保护马腿不受意外伤害，又能使马厩变得更加容易清扫。这种垫子在美国颇为畅销，目前已经卖到17美元/平方米。福特公司也是旧轮胎再生产品的大用户，它每年购买2600多吨的再生橡胶，利用再生橡胶生产刹车踏板的脚垫和车辆的隔热垫等35种配件。

回收轮胎最为常见的产品应该算是清扫地面用的橡胶刮板了。各家厂商为了吸引用户，将刮板制成各种形状，即使是形状怪异的角落，也可以用这些刮板轻松地打扫干净。

轮　胎

在美国，一部分环保工业已经不再需要政府的支持，而是可以真正成为一个既是公益的又是自负盈亏的产业了。由于"环保"一词在英语中是以字母"E"开头的，因此，美国人将它和现在十分热门的英文中以字母 E 开头的电子商务相提并论，称它为另一种"E 产业"。

5. 低碳生活

低碳生活是指生活作息时所耗用能量要减少，从而减低碳（特别是二氧化碳）的排放。低碳生活，对于我们普通人来说，是一种态度，而不是能力，我们应该积极提倡并去实践"低碳"生活，注意节电、节油、节气，从点滴做起。

在中国，年人均 CO_2 排放量 2.7 吨，但一个城市白领即便只有 40 平方米居住面积，开 1.6 升车上下班，一年乘飞机 12 次，碳排放量也会在 2611吨。节能减排势在必行。

如果说保护环境，保护动物，节约能源这些环保理念已成行为准则，低碳生活则更是我们急需建立的绿色生活方式。

简单理解，低碳生活就是返璞归真地去进行人与自然的活动，主要是从节电、节气和回收三个环节来改变生活细节，包括以下一些良好的生活习惯：

（1）冰箱

冰箱内存放食物的量以占容积的80%为宜，放得过多或过少，都费电。食品之间、食品与冰箱之间应留有约10毫米以上的空隙。

用数个塑料盒盛水，在冷冻室制成冰后放入冷藏室，这样能延长停机时间，减少开机时间。

（2）空调

空调启动瞬间电流较大，频繁开关相当费电，且易损坏压缩机。

将风扇放在空调内机下方，利用风扇风力提高制冷效果。

空调开启几小时后关闭，马上开电风扇。晚上用这个方法，可以不用整夜开空调，省电近50%。

将空调设置在除湿模式工作，此时即使室温稍高也能令人感觉凉爽，且比制冷模式省电。

（3）洗衣机

在同样长的洗涤时间里，弱档工作时，电动机启动次数较多，也就是说，使用强档其实比弱档省电，且可延长洗衣机的寿命。

按转速1680转/分（只适用涡轮式）脱水1分钟计算，脱水率可达55%。一般脱水不超过3分钟。再延长脱水时间则意义不大。

（4）微波炉

较干的食品加水后搅拌均匀，加热前用聚丙烯保鲜膜覆盖或者包好，或使用有盖的耐热的玻璃器皿加热。

每次加热或烹调的食品以不超过0.5千克为宜，最好切成小块，量多时应分时段加热，中间加以搅拌。

尽可能使用"高火"。

为减少解冻食品时开关微波炉的次数，可预先将食品从冰箱冷冻室移入冷藏室，慢慢解冻，并充分利用冷冻食品中的"冷能"。

（5）计算机

短时间不用电脑时，启用电脑的"睡眠"模式，能耗可下降到50%以下；关掉不用的程序和音箱、打印机等外围设备；少让硬盘、软盘、光盘同时工作；适当降低显示器的亮度。

用笔记本计算机要特别注意：对电池完全放电；尽量不使用外接设备；关闭暂不使用的设备和接口；关闭

电 脑

屏幕保护程序；合理选择关机方式：需要立即恢复时采用"待机"、电池运用选"睡眠"、长时间不用选"关机"；电池运用时，在WindowsXP下，通过SpeedStep技术，CPU自动降频，功耗可降低40%。

（6）燃气

用大火比用小火烹调时间短，可以减少热量散失。但也不宜让火超出锅底，以免浪费燃气。

夏季气温高，烧开水前先不加盖，让比空气温度低的水与空气进行热交换，等自然升温至空气温度时再加盖烧水，可省燃气。

烧煮前，先擦干锅外的水滴，能够煮的食物尽量不用蒸的方法烹饪，不易煮烂的食品用高压锅或无油烟不锈钢锅烧煮，加热熟食用微波炉等方法，也都有助于节省燃气。

开短会也是一种节约，照明、空调、扩音用电都能省下来。即将过期的香水，可喷洒在塞入枕头的干燥花里、洗衣服的水中和拖过的地板上。

任何电器一旦不用立即拔掉插头。

尽量选用公共交通，开车出门购物要有购物计划，尽可能一次购足。多步行、骑自行车、坐轻轨地铁，少开车。

开车节能：避免冷车启动，减少怠速时间，避免突然变速，选择合适挡位避免低挡跑高速，定期更换机油，高速莫开窗，轮胎气压要适当。

多用电邮、MSN 等即时通讯工具，少用传真打印机。

（7）植树

（8）低碳饮食

1972 年，阿特金斯医生撰写的《阿特金斯医生的新饮食革命》首次出版，书中提出了一种全新的饮食方式。在此之前的节食方法要么提倡减少每天摄入的热量，要么提倡同时减少脂肪和碳水化合物的摄入量。但是，阿特金斯医生提出的饮食法却只注重严格地限制碳水化合物的摄入量。那么，什么是碳水化合物呢？

您可能听说过"碳水化合物"和"复合碳水化合物"。碳水化合物来源广泛，例如米饭、意大利面、面包、饼干、谷物、水果和蔬菜。碳水化合物为人体提供基本的能量所需。您可以将身体与碳水化合物之间的关系比作汽车发动机与汽油之间的关系。

最简单的碳水化合物是葡萄糖。葡萄糖，又称"血糖"或"右旋糖"，随血液流动，因此可供全身细胞所需。体内细胞吸收葡萄糖，并将其转化为细胞活动所需的能量。

"碳水化合物"一词源于葡萄糖由碳和水组成这一事实。葡萄糖的化学分子式为：$C_6H_{12}O_6$。

日常消费过程中，众多市民还存在"过度消费"、"面子消费"等不良消费嗜好。在一些城市发现，超大型豪宅成为吸引市民眼球的"亮点"、排量在 1.8 升以上的小汽车比比皆是……山西大学经济与工商管理学院院长李志强说，在住房、汽车等高碳排放领域的消费过程中，一些城市居民存有"你追我赶"式的攀比心理，还有追求大户型、大排量的"好大心理"。以私人汽车为例，北京市私人汽车拥有量每年以 10% 以上的速度增加；广东 2009 年上半年每百户家用汽车拥有量同比增 16.6%。而根据长春市交警支队相关资料统计，2004～2008 年间，长春市汽车保有量递增速度已经达到 15%。如果不采取措施，10 年后，长春市机动车污染将会超过煤炭，成为大气污染的主要因素。

歌坛天后麦当娜最近"挨批"了。环保专家预计她的全球巡回演唱会将造成 1635 吨的废气污染。看看环保专家给她算的账：搭乘私人飞机，95吨废气；250 名工作人员搭乘客机，1080 吨碳污染；货运交通，碳排放达460 吨。由此可见污染的严重性。

开发绿色能源

海水温差发电

很久以来，人类一直在想办法开发在海浪、海流和潮汐中的海洋能。但是，一个更有发展前途的计划可直接将海洋中储存的热能开发出来，这就是海洋热能转换，简称 OTEC。其原理是，利用太阳晒热的热带洋面海水和 760 米深处的冷海水之间的温度差发电。位于夏威夷西海岸林木繁茂的凯卢阿—科纳附近一处古老的火山岩上的试验发电装置，净发电量为 100 千瓦。海洋热能转换装置不但不产生空气污染物或放射性废料，而且它的副产品是无害而有用的淡化海水，每天可生产 7000 加仑，它味道清新，足以与最好的瓶装饮料媲美。

海洋热能发电站

海洋热能转换装置建在海岸上或近海上，采用的零部件大部分是普通组件，它可以提供足够的电力和淡水，从而使包括夏威夷群岛在内的热带地区不必再进口昂贵的燃料。目前美国宾夕法尼亚州约克海洋太阳能动力公司正在设计一座 100 兆瓦的海上海洋热能发电站，拟建在印度的泰米尔纳德邦。另外一些计划是在马绍尔群岛和维尔京群岛建造较小的装置。根据一项研究，大约有 98 个热带国家和地区可从这一技术中受益。

海洋热能转换装置与其他海洋开发方案相比有不少优点。例如最大的海浪发电装置只能生产几千瓦的电力；海浪和海流所含的能量小，因而不足以持续地产生很大的动力来使发电机运转；潮汐虽有较大的势能，但其开发成本很高，并且只限于在潮汐涨落差至少有4.9米的几处海岸上采用。一座建在法国布列塔尼半岛河口上的潮汐发电站装机容量为240兆瓦。北美唯一的示范潮汐电站建在加拿大新斯科舍的安纳波利斯河上，装机容量只有几十兆瓦。

而海洋热能转换装置的一大优点是不受变化的潮汐和海浪的影响。储存在海洋中的太阳能任何时候都可获得，这对于海洋热能转换装置的发展至关重要。热带海面的水温通常约在27℃，深海水温则保持在冰点以上几度。这样的温度梯度使得海洋热能转换装置的能量转换可达3%～4%，任何一位工程师都知道，热源（温热的水）和冷源（冷水）之间的温差愈大，能量转换系统的效率也就愈高。与之相比，普通烧油或烧煤的蒸汽发电站的温差为260℃，其热效率在30%～35%。

海洋热能转换装置必须动用大量的水，方可弥补热效率低的缺点。这就意味着，海洋热能转换装置所产生的电力在输入公用电网之前，还要在该装置上做更多的功。实际上20%～40%的电力用来把水通过进水管道抽入装置内部和海洋热能转换装置四周。据凯卢阿—科纳示范项目的负责人路易斯·维加称，该试验装置的运行大约要消耗150千瓦电力，不过规模较大一些的商用电站本身所消耗的电力占总发电量的百分比将会低些。

正是由于上述原因，在从首次提出海洋热能转换计划至今的1个世纪中，研究人员一直在孜孜不倦地开发海洋热能转换装置，使之既能稳定生产大于驱动泵所需的能量，又能在易被腐蚀的海洋气候条件下良好运行，从而证明海洋热能转换装置的开发和建造是合理的。

OTEC的理论研究工作一直在进行，曾发明氖灯光信号的法国人乔治斯·克劳德证实海洋热能发电装置在理论上可行。1930年他在古巴北部海岸设计和试验了一个OTEC装置。被称为开式循环的这种OTEC装置获得了专利，功率为22千瓦，但该装置运行所消耗的电力超过了发电量，其原因之一是厂址选得不好。此后乔治斯·克劳德又在巴西设计了一个漂浮式海上热能发电装置，不幸由于一根进水管被暴风雨破坏而失败，他本人也因此破产身亡。

1. 开式循环 OTEC 工作原理

凯卢阿—科纳 OTEC 装置的发展较为顺利，该装置由檀香山太平洋高技术研究 OTEC 国际中心经营。1994 年 9 月，凯卢阿—科纳采用的 OTEC 装置是克劳德的开式循环方案，这创造出了海洋热能转换的世界纪录：总发电量达到 255 千瓦时，净发电量为 104 千瓦。该装置是一项投资为 1200 万美元的五年计划，它产生的电力供给夏威夷一家从事太阳能和海洋资源开发的机构——自然能源实验室附近的企业使用。

装置产生的蒸汽通过涡轮发电机后，被由另一些管子从深海抽来的冷海水冷凝为液体淡化水。抽入海水只有不到 0.5% 变成蒸汽，所以，必须向装置中泵入大量海水，才能产生足够的蒸汽驱动大型低压涡轮发电机。这也限制了开式循环系统的总功率不可能超过 3 兆瓦。此外，大型、笨重的涡轮发电机所需的轴承和支承系统也不现实。采用轻型塑料或复合材料来制造涡轮机，能获得 10 兆瓦左右的发电装置。即使如此，与普通发电站相比，这种装置的发电能力仍差得太远。例如，一座大型核反应堆能产生 100 兆瓦的功率。

海洋热能转换系统的另一种类型称为闭式循环系统，它较易达到大型工业规模，理论上发电能力可达 100 兆瓦。1881 年法国工程师雅克·阿塞内·达桑瓦尔最初提出这种方案，不过从未进行过试验。

闭式循环海洋热能转换系统的作用原理是：海面的温热海水通过热交换器使加压氨气化，氨蒸气再驱动涡轮发电机发电。在另一热交换器中，深海冷海水使氨蒸气冷却恢复液态。一座称为微型 OTEC 装置的漂浮试验装置于 1979 年曾达到 18 千瓦的净发电能力，是闭式循环系统迄今获得的最好成绩。

研究人员还将对放置在下游的水产养殖箱进行监测，以确定从装置中可能浅漏的氨以及海水中加入的少量氯对海洋生物的影响。加入氯是为了防止海藻和其他海洋生物对设备的堵塞。

凯卢阿—科纳试验装置的运行，将有助于了解 OTEC 装置的一个最大的未知因素：装置部件长期被腐蚀性的海水包围，并受到海洋生物的堵塞，其寿命有多长。据工作人员称，现在正采取措施防止锈蚀。

由于开式循环方案不易于扩大发电规模，而闭式循环方案又不能生产饮用水，究竟采用哪种方案为宜，尚难作出决定。

把两种系统组合起来，各取所长，也许是最佳方案，混合型 OTEC 装置可以先通过闭式循环系统发电，然后再利用开式循环过程对装置流出的温海水和冷海水进行淡化。如在开式循环装置上加上第二级淡化装置，则会使饮用水的产量增加 1 倍。

尽管 OTEC 装置仍存在不少工程技术和成本方面的问题，但它毕竟有很大潜力。未来学家认为，它是全世界从石油向氢燃料过渡的重要组成部分，建在海上的 OTEC 装置能够把海水电解而获得氢。自然能源实验室科技规划负责人汤姆·丹尼尔认为："OTEC 在环境方面是良好的，并可能提供人类所需的全部能量。"

OTEC 也同其他所有的发电方式一样，并非对环境完全无害。从一座 100 兆瓦的 OTEC 电站流出的水量相当于科罗拉多河的流量。流出的水温比进入电站的水温高或低约 3℃，海水咸度和温度的变化，对于当地生态可能产生的影响尚难预料。

太阳能热电站

20 世纪 80 年代，在意大利西西里岛上建成了一座规模宏大的太阳能热电站。它采用 180 块大型玻璃反射镜，镜子的总面积达 6200 多平方米。这种反光镜由一台电子计算机操纵，将太阳光集聚在高达 55 米的中央塔上的接收器上，使塔上锅炉产生 500℃ 的高温和 6.4 兆帕（64 个大气压）压力的蒸汽，从而推动汽轮发电机组发电。它的发电能力达 1 兆瓦。

通常所说的太阳能发电站，实际上指的就是太阳能热电站。也就是说，它是将太阳光转变成热能，然后再通过机械装置转变成电能的。太阳能热电站的发电原理和基本过程是这样的：在地面上设置许多聚光镜，从各个角落和方向把太阳光收集起来，集中反射到一个高塔顶部的专用锅炉上，使锅炉里的水受热变为高压蒸汽，驱动汽轮机，再由汽轮机带动发电机发电。这种发电方式称为塔式发电。

在太阳能热电站内还设有蓄热池。当用高压蒸汽推动汽轮机转动的同时，将一部分热能储存在蓄热池中。如果太阳被云暂时遮挡或者天下雨时，就由蓄热池供应锅炉的热能，以保证电站的连续发电。

世界上第一座太阳能热电站，是建在法国的奥德约太阳能热电站。这座电站的起初发电能力虽然仅为 64 千瓦，但它却为以后的太阳能热电站的兴建积累了经验。

1982 年，美国在阳光充足的加利福尼亚州南部的沙漠地区，建造了目前世界上最大的太阳能电站。这座叫做太阳能一号电站的太阳能热电站，由高塔、集热设备、反射镜、汽轮发电机组等组成。它的发电能力为 10 兆瓦，年发电量达到 300 万千瓦时。

太阳能一号电站安装有 1880 个追日仪。这些由金属圆柱支撑的追日仪排列齐整，每根柱顶支撑着一块 10 平方米的银灰色金属板。远远望去，这些追日仪宛若一把把巨大的方形伞，它们顶着金色的阳光，斜支在荒凉的沙漠之上。这一把把方形伞，就是把太阳能转换成电能的跟踪器。

追日仪上的整个光电板由 256 块长形组件构成，每块组件中装有 32 个圆形硅片。顶部的光电板和支柱的衔接处有一个万向节，在电子计算机的控制下，跟踪器可以根据光电板所接受阳光的强弱，自动调节板面同太阳的角度。这些庞然大物都很"机敏、勤奋"，每天早晨太阳尚未升起，它们就都垂直而立，将最大平面对向霞光灿烂的东方；到了夕阳落山之际，它们又都低头面送最后一缕晚霞。然后，转过身来，又静候着翌日黎明的曙光。即使是阴雨天，它们以其不凡的本领在云层的缝隙中追寻着阳光。如果遇到强风，这些追日仪就会将信号输送到控制中心的计算机里，然后按照指令，躺成水平状态，以防止被风刮倒。风势减弱后，它们又会自动恢复原状，并重新投入工作。

热电站数量众多的追日仪，能把太阳光集聚并反射到装在 90 米高的圆柱形钢塔顶上的热收集器里（集热器）。由于采用了电子数据处理设备控制体系，可使追日仪不断地跟踪太阳，并使中央热收集器（即集热器）经常处于反射光的焦点中。这样，热收集器的温度可达 485℃。

太阳能一号电站还有一个热量储存系统，以保证天黑以后也能继续运转。热量储存系统所储存的热能，足可发电兆瓦达 4 小时之久。当热电站工作时，约有 20% 的热蒸汽被输送到热交换器内加热一种专用油，再用泵把

太阳能一号电站

加热的油注入热量储存系统里。

近年来，国外还研制成一种用炭黑来捕捉太阳能以驱动发电机发电的装置。它是通过一个聚光器把太阳光集聚起来，照射在一个装有炭微粒悬浮体的加热室内。由于温度上升，使炭微粒气化。炭微粒吸收的热量可用来加热周围的空气，使其达到相当于喷气发动机的温度和压力。于是，被加热的空气可用来驱动气轮机转动，并带动发电机发电。

法国、德国、意大利、西班牙和希腊等许多国家也相继兴建了一批太阳能热电站，其中著名的有意大利的欧雷利奥斯太阳能热电站、西班牙的阿尔利里亚太阳能热电站和法国东比利牛斯的库米斯太阳能电站等。意大利和希腊还将建设20兆瓦的电站。

1983年建成的阿尔梅利亚太阳能电站，位于阳光充足的南部，发电能力为1200千瓦。在西班牙还建有一座热风发电站，是利用太阳光使地面加热产生热风的办法来发电的。这座热风发电站的高塔，是由一个直径为10米、高200米的圆形钢管制成的，而集热场建在塔身周围并高出地面2米，呈圆形，直径为250米，由透明合成材料制成的薄片作顶盖。这套设备保证了集热场内的热风只能向高塔的方向流动，从而驱动气轮发电机组发电。

一些发展中国家也在积极研究和建造太阳能热电站。地处非洲撒哈拉沙漠南部边缘的马里，已建成一座太阳能热电站，其电力用来驱动水泵，对干旱的农田进行灌溉。

太阳能热电站的不足之处在于：①需要占用很大的地方来设置反光镜。据计算，一座1兆瓦的太阳能热电站，仅设置反光镜就需占地350米×350米。②它的发电能力受天气和太阳出没的影响较大。虽然热电站一般都安装有蓄热器，但不能从根本上消除影响。因此，人们设想把太阳能热电站搬到宇宙空间去，从而使热电站连续不断地发电，满足人们对能源日益增长的需要。

本领高强的地热能

实际上，人们是通过利用各种温泉、热泉来认识地热能的。2000 多年前，我国东汉时期大科学家张衡就曾采用温泉水治病。此外，我们的祖先很早就利用温泉的热水进行洗浴和取暖等。

1904 年，意大利人拉德瑞罗利用地热进行发电，并创建了世界上第一座地热蒸汽发电站（装机容量为 250 千瓦）。由于当时技术条件的限制，此后很长时间内地热在发电方面的应用一直停步不前。

20 世纪 60 年代以来，由于石油、煤炭等各种能源的大量消耗，美国、新西兰、意大利等国又对地热能重视起来，相继建成了一批地热电站，总计约有 150 多座，装机总容量达 3500 兆瓦。

利用地热发电，是地热能利用的最重要和最有发展前途的方面。与其他电站比较，地热电站具有投资少、发电成本低、发电设备使用寿命长等优点，因而发展较快。

地热电站的工作原理与一般的火电站相似，即利用汽轮机将热能转换成机械能，再由发电机变成电能。由于地热资源有高温干蒸汽、高温湿蒸汽和热水等不同种类，所以，地热发电的方法也不同。

以高温干蒸汽为能源的地热电站，一般采用蒸汽法发电。它的发电的工作过程是，当把地热蒸汽引出地面后，先进行净化，即除掉所含的各种杂质，然后就可送入汽轮发电机组发电。如果地热蒸汽中的有害及腐蚀性成分含量较多时，也可以把

地热能发电站

地热蒸汽作为热源，用它来加热洁净的水，重新产生蒸汽来发电。这就是二次蒸汽法地热发电站。目前全世界约有 3/4 的地热电站属于这种类型。

美国加州的盖瑟斯地热电站，就是二次蒸汽法地热电站的典型代表。它的装机容量达 500 兆瓦以上，是目前世界上最大的地热电站。

以高温湿蒸汽为能源的地热电站，大多采用汽水分离法发电。这种高温湿蒸汽是兼有蒸汽和热水的混合物，通过汽水分离器把蒸汽和热水分开，蒸汽用于发电，热水则用于取暖或其他方面。

以地下热水为能源的地热电站，通常用地下热水为热源来加热低沸点的物质如氯乙烷或氟利昂等，使它们变成蒸汽来推动气轮发电机组发电。这就是通常所说的低沸点工质法地热发电。

低沸点工质法地热发电所用的地热水的温度，通常低于 100℃。用这种热水来将低沸点物质加热变成蒸汽，它们在推动气轮发电机组发电后，在冷凝器中凝结，再用泵重新打回热交换器，从而反复使用。

俄罗斯在堪察加半岛南部建造的低沸点工质法地热电站，所用的地热水温仅有 70℃~80℃，以低沸点的氟利昂（沸点为 -29.8℃）为工质，在 1.9 兆帕（18.8 大气压）的压力和地热水的温度为 55℃ 的条件下，低沸点工质便可沸腾，产生蒸气来发电，其总装机容量为 680 千瓦。

地热能除了用来发电外，人们还把它用于工农业生产、沐浴医疗、体育运动等许多方面。

在工业上，地热能可用于加热、干燥、制冷、脱水加工、提取化学元素、海水淡化等方面。在农业生产上，地热能可用于温室育苗、栽培作物、养殖禽畜和鱼类等。例如，地处高纬度的冰岛不仅以地热温室种植蔬菜、水果、花卉和香蕉，近年来又栽培了咖啡、橡胶等热带经济作物。在浴用医疗方面，人们早就用地热矿泉水医治皮肤病和关节炎等，不少国家还设有专供沐浴医疗用的温泉。

地热在世界各地的分布是很广泛的。美国阿拉斯加的"万烟谷"是世界上闻名的地热集中地，在 24 平方千米的范围内，有数万个天然蒸汽和热水的喷孔，喷出的热水和蒸汽的最低温度为 97℃，高温蒸汽达 645℃，每秒喷出 2300 万升的热水和蒸汽，每年从地球内部带往地面的热能相当于 600

万吨标准煤。新西兰有近 70 个地热田和 1000 多个温泉。横跨欧亚大陆的地中海—喜马拉雅地热带，从地中海北岸的意大利、匈牙利经过土耳其、俄罗斯的高加索、伊朗、巴基斯坦和印度的北部、中国的西藏、缅甸、马来西亚，最后在印度尼西亚与环太平洋地热带相接。

我国是一个地热储量很丰富的国家，仅温度在 100℃ 以下的天然出露的地热泉就达 3500 多处。在西藏、云南和台湾等地，还有许多温度超过 150℃ 以上的高温地热资源。西藏羊八井建有我国最大的地热电站。这个电站的地热井口温度平均为 140℃，装机容量为 10 兆瓦。

西藏羊八井地热电站

我国北京是当今世界上 6 个开发利用地热能较好的首都之一（其他 5 个是法国的巴黎、匈牙利的布达佩斯、保加利亚的索菲亚、冰岛的雷克雅未克和埃塞俄比亚的亚的斯亚贝巴）。北京地热水温大都在 25℃ ~ 70℃。由于地热水中含有氟、氢、镉、可溶性二氧化碳等特殊矿物成分，经过加工可制成饮用的矿泉水。有些城区的地热水中还含有硫化氢等，很适合浴疗和理疗。

北京的地热资源已得到广泛利用。例如，用于采暖的面积已达 30 多万平方米，年节约煤约 2 万吨。现有地热泉 50 多处，日洗浴 6 万多人次。另外，还利用地热搞温室种植蔬菜和养非洲鲫鱼，以及用地热水育秧等。

向植物要石油

人们都知道阿凡提"种金子"的故事，可不一定知道石油也能"种"出来。这是因为石油和煤炭一样，都是从地下开采出来的，人们自然认为它是一种矿物。然而，从石油是古代的动植物形成的这点来看，石油确实可以种植。

石油树

172

美国有位得过诺贝尔奖的化学家，名叫卡达文。他从花生油、菜籽油、豆油这些可以燃烧的植物油都是从地里种出来这点推论出，石油也应该可以种植。于是，从1978年起，他就决心要将石油种出来，以验证自己的预言。随后，卡达文就到处寻找有可能生产出石油的植物，并着手进行种植试验。有一天，卡达文发现了一种小灌木。他用刀子划破树皮后，一种像橡胶的白色乳汁便流了出来。然后，他对这种乳汁进行化验，发现它的成分和石油很相似，就把这种小灌木叫做"石油树"。

接着，卡达文便忙碌起来，既选种，又育种，还在美国加利福尼亚州试种了约6亩地的"石油树"。结果，一年中竟收获了50吨石油，引起了人们"种石油"的兴趣。

此后，美国便成立了一个石油植物研究所，专门从事"种石油"的研究试验。这个研究所人员发现，在加利福尼亚州有一种黄鼠草中就含有石油成分。他们从1公顷这种野生杂草中提炼出约1吨的石油来。后来，研究人员对这种草进行人工培育杂交，提高了草中的石油含量，每公顷可提炼出6吨石油。在巴西，有一种高达30多米、直径约1米的乔木，只要在这种树身上打个洞，1小时就能流出7千克的石油来。

菲律宾有一种能产石油的胡桃，每年可收获两季。有一位种石油树的能手，种了6棵这样的胡桃树，一年就收获石油300升。

人们不仅在陆地上"种"石油，而且还扩大到海洋上去"种"石油，因为大海里的收获量更大。

美国能源部和太阳能研究所利用生长在美国西海岸的巨型海藻，已成功地提炼出优质的"柴油"。据统计，每平方米海面平均每天可采收50克海藻，海藻中类脂物含量达6%，每年可提炼出燃料油150升以上。

加拿大科学家对海上"种"石油也产生了兴趣，并进行了成功的试验。他们在一些生长很快的海藻上放入特殊的细菌，经过化学方法处理后，便生长出了"石油"。这和细菌在漫长的岁月中分解生物体中的有机物质而形成石油的过程基本相似。但科学家只用几个星期的时间就代替了几百万年的漫长时光。

英国科学家更为独特，他们不是种海藻提炼石油，而是利用海藻直接发电，而且已研制成一套功率为25千瓦的海藻发电系统。研究海藻发电的科学家们将干燥后的海藻碾磨成直径约50微米的细小颗粒，再将小颗粒加压到300千帕，变成类似普通燃料的雾状剂，最后送到特别的发电机组中，就可发出电来。

目前，一些国家的科学家正在海洋上建造"海藻园"新能源基地，利用生物工程技术进行人工种植栽培，形成大面积的海藻养殖，以满足海藻发电的需要。

利用海藻代替石油发电，具有这样的2个优点：①海藻在燃烧过程中产生的二氧化碳，可通过光合作用再循环用于海藻的生长，因而不会向空中释放产生温室效应的气体，有利于保护环境。②海藻发电的成本比核能发电便宜得多，基本上与用煤

海藻发电站

炭、石油发电的成本相当。据计算，如果用一块56平方千米的"海藻园"种植海藻，其产生的电力即可满足英国全国的供电需要。这是因为海藻储备的有机物约等于陆地植物的4～5倍。由此可以看出，利用海藻发电大有可为，具有诱人的发展前景。

当前，各国科学家都在积极地进行海藻培植，并将海藻精炼成类似汽油、柴油等液体燃料用于发电，从而开辟了向植物要能源的新途径。

"接替能源"——煤层气崭露头角

在煤的形成过程中伴随着 3 种副产品生成——甲烷、二氧化碳和水。由于甲烷是可燃性气体，又深藏在煤层之中，所以人们称它为"煤层气"。

甲烷一旦产生，便吸附在煤的表面上。甲烷的产生量与煤层深浅有关。一般来讲，煤层越深，煤层气越多。理想的煤层气条件是：煤层深度 300 ~ 900 米，覆盖层厚度超过 300 米，煤层厚度大于 1.5 米，吨煤含气量大于 8.51 立方米，裂缝密度大于 1.5 米/条为好。开采甲烷的关键问题有 2 个：①使甲烷从煤的表面解吸下来，一般是靠降低煤层压力来解决，主要办法是通过深水移走来降低压力；②让从煤层表面解吸下来的甲烷顺利穿过裂缝进入井孔。煤层气如果得不到充分利用，会带来两大害处：①在煤层开采过程中以瓦斯爆炸的形式威胁矿工的生命安全；②每年全球有上千亿立方米的瓦斯进入大气中，对环境造成巨大污染。所以，在很早以前人们就想把煤层气作为资源加以利用，让它化害为利，这便是人们开发利用煤层气的最初动因。

进入 20 世纪 70 年代后，受能源危机的影响，人们在寻找新能源方面的积极性空前高涨。在有天然气资源的地方，天然气备受青睐；在没有天然气的地区，煤层气便成为人们寻找中的理想新能源。此外，随着开采和应用技术的进步以及显著的经济效益，又给煤层气的开发利用注入了新的动力。

开发煤层气在经济上的优越性表现在几个方面：勘探费用低、利润高、风险小、生产期长。其勘探费用低于石油的勘探费用，生产气井的成本也较低。一般来讲，煤层气的钻井成功率可达到 90% 以上，打一口井只需要 2 ~ 10 天。浅层井的生产寿命为 16 ~ 25 年，4 米井的生产寿命为 23 ~ 25 年。

有资料表明：全世界煤层气资源为 113.2×10^{12} ~ 198.1×10^{12} 立方米。国外对煤层气的小规模开发利用始于 20 世纪 50 年代，大规模开发利用则是从 80 年代开始的。

目前，美国煤层气的开采在世界上居领先地位，每天煤层气产量已超过 2800 万立方米。中国煤炭储量为 1×10^{12} 吨，产量居世界首位，煤层气资

源为 35×10^{12} 立方米，相当于 450 亿吨标准煤，与中国常规天然气资源相当，已成为世界上最具煤层气开发潜力的国家之一。

据悉，今后 5~10 年，中国将投巨资，大规模开发山西、内蒙、辽宁、安徽的煤层气资源，使之成为继煤炭、石油之后的"接替能源"。

中国煤层气的开发已引起了国际社会的关注，美国的安然公司、西方石油公司、德士吉公司、美中能源公司、澳大利亚的略尔公司等西方大公司纷纷进入中国寻求开发项目。目前，中外合作煤层气项目已达到了 20 余个。

宝贵的二氧化碳资源

我们已经知道，由于人类向大气中排入的二氧化碳等吸热性强的温室气体逐年增加，而使大气的温室效应增强，二氧化碳是温室效应的主要气体，所以，只要一说到二氧化碳，人们总是把它当作废气来看待。

其实，二氧化碳不仅具有十分广泛的重要用途，而且是一种宝贵的地下矿产资源。二氧化碳是一种无色、无味的气体，单位体积重量为空气的 1.5 倍。无论在茫茫宇宙太空，还是在我们居住的这个"诺亚方舟"，到处都广泛存在着二氧化碳的踪迹。在八大行星之一的金星大气层里，二氧化碳的含量高达 90% 以上。地球大气层的二氧化碳比较少，空气中的二氧化碳含量仅为 0.02%，但地下和地表一样，同样有二氧化碳分布。现已查明，几乎所有地下的天然气中，都含有少量的二氧化碳，二氧化碳含量达 80%~100% 的二氧化碳气藏，占全部天然气藏的 0.2%。世界上有不少国家，如美国、加拿大、墨西哥、新西兰、印尼、俄罗斯等国，都曾经发现过二氧化碳气藏。近年来，随着二氧化碳用途日益广泛，特别是在农业和冷藏方面的崭露头角，二氧化碳资源受到了世界各国的普遍重视。

在我国，人们注意地下的二氧化碳资源始于 20 世纪 70 年代。1977 年 5 月 22 日凌晨，广东省地质局 735 地质队在佛山地区三水盆地（距广州市仅 30 千米）施工的水深九井，突然发生罕见的井喷，猛烈的气柱高达百米，吼声如雷，震动大地。钻机井场方圆几百米范围内，白色气浪翻滚弥漫，井下砂石随气喷出，井架被击得叮当作响，夜间可见火光闪烁，气吼之声

井 喷

传到 5 千米之外。巨大的气流来自地下 1400 余米深的石灰岩溶洞，通过分析化验，喷出的气流中二氧化碳含量达 99.55%，其余为少量甲烷、氮气和微量硫化氢等。由于二氧化碳膨胀吸热，喷气的井场出现一种奇妙的景观，已经进入暑天的广东，井口竟结出了洁白透明的冰块，厚达 0.6 米，井场四周寒气袭人。石油部和地质部相继派出了抢险工作组，广大地质职工和驻地军民共同奋战 69 天，才胜利地制服住井喷。

这就是我国油气勘探史上钻获的第一口天然二氧化碳气井，初喷时日产气达 500 万立方米以上，60 天以后在管线内进行测量，日产气仍达 200 万立方米。这样高的产量，这样高纯度的二氧化碳气井，在我国是首次发现，在世界上也是很少见的。

继广东水深九井之后，我国已在 14 个地区发现了含二氧化碳气的地质构造。1982 年，吉林石油指挥部在长春地区钻出了蕴藏量丰富的二氧化碳气井。地质矿产部的华东石油地质局从 1983 年起，经过 2 年多的地震勘探和钻探，在江苏泰兴黄桥地区发现了一个大型二氧化碳气田，二氧化碳气体含量均在 90% 以上，个别层段高达 99% 以上，至 1985 年底已探明二氧化碳储量 624 亿立方米，预测储量在 1000 亿立方米以上。

二氧化碳是具有较大经济价值的矿产资源，其应用范围涉及国民经济的许多领域。

科学家发现，二氧化碳气是保鲜之王。用二氧化碳来保存新鲜的稻谷种子，4 年后发芽率几乎不变；在装有大米的双层尼龙薄膜袋中，充以二氧化碳气，2 年后启封，大米的质量不变，无虫蛀，不发霉，蛋白质、维生素等 13 种成分仍然与新粮无异。用二氧化碳制成的干冰保鲜，是当代肉类保鲜的先进方法，将水果、蔬菜用塑料袋封好，充入二氧化碳气，保鲜效果极佳。

植物生理学家的研究结果表明，在植物的干物质中，90%～95%是由阳光和二氧化碳合成的，只有5%～10%的物质是由土壤供给的养分。只要设法提高空气中二氧化碳的浓度，就可以促进农作物增产，因此二氧化碳有"气肥"之称。此种二氧化碳"气肥"，在欧美各国使用已相当普遍。据统计，荷兰、德国、比利时、美国、法国、瑞典等国集中了世界上2/3的玻璃温室，二氧化碳"气肥"普及率达到65%。据美国报刊报道，在充分的光照条件下，每小时每亩水稻施放7.5千克二氧化碳气，水稻增产67%；每亩棉田每小时施放11.5千克二氧化碳气，棉花增产30%，玉米和蔬菜增产60%，固氮能力提高6倍。我国科研单位采用温室施放二氧化碳培植180种观赏植物和经济作物，它们的生长量比对照组多3～4倍。在广东水深九井发生井喷的次年——1978年，紧挨井场的一个生产队，早稻亩产达500～600千克，比正常年景增产23%。近年来，南京市浦口区三河乡科技站，用天然二氧化碳气做肥效试验，番茄对比增产66.6%，黄瓜对比增产30.85%。

有趣的是，利用二氧化碳可以使鱼类做人工"休眠"，减少鲜鱼在运输过程中死亡和损失，到达目的地后再向水中注入氧气，昏睡的鱼即可苏醒，摇头摆尾，欢蹦乱跳。

在工业上二氧化碳的用途也十分广泛。机械工业中用二氧化碳来做保护焊接，已逐步代替了手工焊、埋弧焊、气焊，从而实现焊接的自动化。用二氧化碳处理铸造水玻璃型砂，可以省去烘干工序，潮湿疏松的砂型即刻变干变硬。二氧化碳还可用于机械冷装配技术和作机械研磨冷却剂。利用二氧化碳独特的化学和物理性质，作为油井增产处理的多效能添加剂，可以提高石油的采收率。二氧化碳还是制造碳酸盐和尿素的原料。二氧化碳干冰可以用来制造人工降雨。在食品工业中，人们利用二氧化碳制造汽水、汽酒、啤酒等饮料。美国试验用液态二氧化碳作管道输煤的介质，具有载煤量高、终端不需净化设备、管道投资和运输成本低等优点。在地质勘探工作中，借助液态二氧化碳在井底变为气态时产生的巨大冲力进行洗井，能够使井管畅通，完成钻井后期处理或修复废井的任务，操作十分简便，适用于不同的岩层，洗井质量较高，效率提高 1 ~ 2 倍。

我国二氧化碳资源是相当丰富的，有发酵型、燃烧型、化工合成氨尾气以及天然二氧化碳气井等不同类型。北京、上海两个城市的酿造发酵业可回收的二氧化碳，每年达 3.5 万 ~ 10 万立方米。合成氨尾气，仅上海一化工厂尿素车间二氧化碳产量，每年即达 10 万立方米以上。抚顺几家石油厂用重油燃烧生产二氧化碳，一个厂年产达 15 万立方米。

值得注意的是，我国过去使用二氧化碳不够广泛，因此人们的眼睛往往只盯住人工生产的二氧化碳，天然二氧化碳气藏作为一种宝贵的地下资源，简直成了一件鲜为人知的奇闻，连油气地质勘探中对它们也置之不理。当初广东三水盆地探获二氧化碳气藏，许多人还深为惋惜地喟叹："天然气成分要是碳氢化合物那就好了！"言下之意，二氧化碳气藏价值不大。随着二氧化碳气的勘探开发，逐步打开了人们的眼界。天然二氧化碳资源不仅大有用场，而且分布还相当广泛。埋藏于地层中的二氧化碳，有的是生物化学成因，原先含在地层中的有机质，在漫长的地质年代里发生转化，形成了与石油和其他天然气相伴生的二氧化碳；有的是火山喷发带来的；有的是地下深处的石灰岩，在岩浆或热水溶液作用下受热变质，从而释放出二氧化碳。石灰岩在化学分解过程中，也可释放出二氧化碳来。总之，只要更新观念，如实地把二氧化碳作为一种宝贵的地下资源看待，认真地分析成气地质条件，寻找天然二氧化碳气藏是大有可为的。

过去，由于对二氧化碳在国民经济中的重要价值认识不足，我国二氧化碳工业长期停留在 20 世纪三四十年代的落后水平上，生产工艺落后，设备陈旧，二氧化碳产品数量少，质量差，能耗高。而天然二氧化碳气藏的勘探开发，刚刚开始起步，尚处于摸索经验阶段。我国二氧化碳工业的落后状况，已经到了非改变不可的时候了。要是我国的粮库都能采用二氧化碳贮藏法，每年即可节约粮食 5 亿千克。广东省的甘蔗田，如果都能施用二氧化碳气肥，每年可多生产 7 万 ~ 15 万吨蔗糖。开发二氧化碳资源是花钱少、收益多、资金积累快的好事情，我们又何乐而不为呢！

在二氧化碳资源的开发工作中，既要重视人工制造的二氧化碳资源，更要重视地下埋藏的天然二氧化碳资源，国内的经验要很好地总结，也要注意吸收和消化世界上先进国家的经验和技术。只要认识对头，措施得力，我国二氧化碳工业赶上世界先进水平，是指日可待的。

绿色保护

海洋表层可以吸收二氧化碳，绿色植物光合作用也可以消耗二氧化碳。

人类大量砍伐森林，地球上的森林面积急剧减少，对二氧化碳的吸收能力大大降低，由此引起大气中二氧化碳浓度的日趋升高。某些专家已经提出警告：到 2057 年，世界的热带雨林可能全部消失。那么，在不到 100～150年的时间内，大气中的二氧化碳将显著增加，"温室效应"的作用将愈加明显，气温的升高将是不可避免的。

全球气温上升后，非洲将是受影响最严重的地区。森林消失了，沙漠扩大了，美国、中美洲和东南亚会遭受旱灾。恶劣的天气（包括热带旋风）可能增多，它将破坏城市，夺去许多人的生命。热带流行的疟疾和寄生虫病将向北方蔓延，并可能使欧洲也出现流行病。地中海地区由于严重的缺水将出现半沙漠化，积雪将在欧洲全部消失，亚热带植被将北迁几百千米。在英国，风暴肆虐将会变得司空见惯，海岸上的防御设施将被海水淹没……

森林可吸收二氧化碳，放出氧气。阔叶林在生长季节每天可消耗很多二氧化碳，放出大量氧气。每公顷公园绿地每天可吸收二氧化碳 900 千克，放出氧气 600 千克。如果以成年人每口呼吸需要消耗氧气 0.75 千克、排出二氧化碳 0.9 千克计算，则每个城市居民只要 10 平方米。的森林面积，就可消耗掉呼出的二氧化碳、供给所需要的氧气。生长良好的草坪，在白天只要有 25 平方米就可以把一个人呼出的二氧化碳全部吸收。此外，植物特别是树木的枝冠茂密，具有强大的减低风速的作用，可促使灰尘降落；叶片表面粗糙不平、多茸毛，有的还能分泌黏性的油脂和汁浆，容易吸收灰尘。还有许多植物如臭椿、樟树、山胡椒等能分泌杀死细菌的挥发性物质，也减少了灰尘中的细菌。因此，绿化对含尘空气有明显的阻挡、过滤、吸附和杀菌的作用。

保护森林

世界上共有森林面积为 38.6 亿公顷，占世界陆地面积 30% 左右。森林主要分布在南北美洲、亚洲北部和东南部，赤道附近。其中森林资源最丰富的国家是巴西。

中国森林覆盖率只有 12.7%，在世界上居第 120 位。这与"四化"建设和对环境保护的要求极不适应。应根据国家森林法，加快造林速度，加强森林保护。

地球的大气中，大约含有 21% 的氧气。氧气是人类和地球上一切动物、植物生命不可缺少的东西。那么地球上的氧气是从哪里来的呢？

科学家发现，森林在阳光作用下，叶子的光合作用，吸进二氧化碳，呼出氧气，这样就产生并且不断地补充氧气，使地球表面大气中氧气含量保持在 21%。

根据实验测定，每公顷森林，在阳光作用下，每天可以吸收大约 1000 千克的二氧化碳，同时产生 730 千克的氧气。地球上有了茂密的森林及其他绿色植物，才能保持氧气与二氧化碳的相对平衡。植物的光合作用的量是非常巨大的，据科学家估计，地球上 60% 以上的氧来自陆地上的植物，特别是森林。地球上的植物每年吸收人类排出的二氧化碳高达 936 亿吨，同时产生 700 亿吨氧气，所以人称森林是天然的绿色氧气厂。

人们发现凡是有绿色的地方，城市绿化的人工林、行道树、草坪，甚至家庭绿化，都能改善调节小气候。为什么绿色植物会降低气温，调节小气候呢？

森林有宽大的树冠，当太阳照射时，有 25% 的阳光被树冠反射回大气中，有 60% 的阳光被树冠截留，余下的 15% 的阳光才照到地面，这时地面温度很明显要低于阳光直照的地面的温度，而且低很多。

同时森林树冠可以增加空气湿度，造成凉爽感觉。根据测算，1 公顷阔叶林夏季每天可蒸发 2500 吨水，比裸露的地面高 20 倍。科学家认为，城市绿化覆盖率每增加 1%，就能使城市的气温下降 0.1℃，当覆盖率达到 50% 时，城市气温将达到理想水平。

许多树木具有吸收各种有毒气体的作用而净化大气。据测算，1公顷柳杉林，每年可吸收720千克二氧化硫。空气中有各种细菌随风传播，闹市上空大气的细菌数目要比绿地上空多7~10倍以上。据测试，在森林外，每立方米空气中含菌量为3万~4万个，而在森林内每立方米空气中只有300~400个。因为森林的吸尘作用，可以减少细菌的传播，而且植物本身还能分泌出许多杀菌素，对大气中的细菌起着消毒和净化作用。1亩松树林，一昼夜能分泌出2千克杀菌素，能杀死肺炎菌、白喉、痢疾等病菌。1公顷柏树一昼夜能分泌出30千克杀菌素，可以清除一个小城市的细菌。

森林还可以降低粉尘对大气的污染。森林的吸尘能力比裸露的地面大70多倍。因为森林的树叶表面粗糙不平，甚至有绒毛密布，有的还能分泌油脂和黏液。这样就可以阻挡、吸附、粘着粉尘，加上茂密的树林中风速减小，大颗粒粉尘就落了下来，空气就净化了。

在城市，一棵树一年可以贮存一辆汽车行驶16千米所排放的污染物。很多树木可以吸收有害气体，如1公顷柳杉林每天可以吸收二氧化硫60千克，其他如臭椿、夹竹桃、银杏、梧桐等都有吸收二氧化硫的功能。当城市绿化面积达到50%以上时，大气中的污染物可得到有效控制。

城市森林可增加空气湿度，一株成年树一天可蒸发400千克水，所以树林中的空气湿度明显上升。据计算，城市绿地面积每增加1%，当地夏季的气温可降低0.1℃。

城市林带、绿篱有降低噪音的作用。宽30米的林带可降低噪音6~8分贝。林区每立方米大气中有细菌3.5个，而人口稠密缺少绿化的城市可达到3.4万个。有树木的城市街道比没有树木的城市街道大气中含病菌量少80%左右。城市防护林具有减缓风速的作用，其有效范围在树高40倍以内，其中在10~20倍范围内效果最好，可降低风速50%。

在农田林网内通常可减缓风速30%~40%，提高相对湿度5%~15%，增加土壤含水量10%~20%。据测定，林冠可截留降水20%左右，大大削弱了雨滴的冲击力；地表只要有1厘米厚的枯枝落叶，就可以把地表径流量减少到裸地的1/4以下，泥沙减少到裸地7%以下。1公顷林地与裸地相比，

181

至少可以多储水 3000 立方米。1 万亩森林的蓄水能力相当于蓄水量达 100 万立方米的水库，而建造这样一个水库需要投资千余万元。

有专家预测，假如地球上失去了森林，约有 450 万个生物物种将不复存在，陆地上 90% 的淡水将白白流入大海，人类面临严重水荒。森林的丧失使许多地区风速增加 60% ~ 80% ，因风灾而丧生的人就会上亿。

森林作为一种生态系统，包括各种树木和森林中各种动物以及其他植物，最典型的如热带雨林，是全球陆地上基因资源最丰富的宝库。森林是非常重要的环境因素，可以调节气候，涵养水源，保持水土，防风固沙，减轻空气污染，美化环境。因此，保护森林具有重要意义。

对森林资源保护，最重要的是提高民众对森林生态系统功能的认识，强化人类生存环境意识，此外还要做好以下工作：

（1）健全森林法制、加强林业管理。

要管好林业，首先要建立和完善林业机构；二是加强林业法制宣传教育；三是严格森林采伐计划、采伐量、采伐方式；四是严格采伐审批手续；五是重视森林火灾和病虫害的防治；六是用征收森林资源税的方法，加强森林保护。

（2）合理利用天然林区。

利用森林资源，一定要合理采伐，伐后及时更新，使木材生长量和采伐量基本平衡。同时要提高木材利用率和综合利用率。

（3）分期分地区提高森林覆盖率。

在 21 世纪前 20 年使我国的森林覆盖率达到 20% 以上，应分期分阶段和分不同地区来实现。

（4）营造农田防护林，加速平原绿化。

我国应尽快建立起西北、华北等地区的农田防护林，发挥森林小气候作用，抗御自然灾害。积极推广农林复合生态系统的建设。提高单位面积上的生物生产力和经济效益，同时提高系统的稳定性、改善土地和环境条件，减少水土流失。

（5）搞好城市绿化地带。

城市应大力植树造林，把城市变为理想的人工生态系统。我国城市绿化面积很低，上海市仅为人均 0.5 平方米，距国家人均 10 平方米的差距很大，和国外差距更大。

（6）开展林业科学研究。

重点开展对森林生态系统生态效益、经济效益、环境效益三者之间关系研究。特别是在取得经济效益的同时注意改善生态状况，力求生态、经济、环境三者之间相对协调发展。

（7）控制环境污染对森林的影响。

大气污染物如 SO_2、酸雨及酸沉降等都能明显对森林产生不同伤害，影响森林的生长、发育。水污染和土壤污染随着污染物的迁移、转化也将对森林产生影响，控制环境污染的影响有助于森林资源的保护。

我国的热带雨林集中在西双版纳地区，近半个世纪以来，热带雨林的面积也约有1/2 被破坏。

为了保护这片中国唯一的热带雨林，早在 1958 年就建立了西双版纳自然保护区。1986 年经国务院批准为国家级自然保护区，1993 年被联合国科教文组织接纳为联合国生物圈网络成员。保护区是中国热带森林生态系统保存比较完整、生物资源极为丰富、面积最大的热带原始林区。保护区地跨景洪、勐

西双版纳自然保护区"独树成林"

海、勐腊一市两县，由互不连接的勐养、勐仑、勐腊、尚勇、曼稿 5 个子保护区组成，总面积24.17 万公顷，占全州土地面积12.63%，森林覆盖率高达 95.7%。2000 年，国务院又批准纳版河自然保护区升格为国家级自然保护区。

这是我国第一个按小流域生物圈理念建设的保护区，扩大了热带雨林保护的面积。世界上与西双版纳同纬度带的陆地，基本上被稀树草原和荒

漠所占据，形成了"回归沙漠带"，而西双版纳这片绿洲，犹如一颗璀璨的绿宝石，镶嵌在这条"回归沙漠带"上。

1. 科学种树

林学专家对森林的作用进行了详细的研究和分析。专家认为，在森林的生态效果方面，人工林不如天然林。天然林的自然生态环境不仅保护了森林资源，而且保护了森林中的生物多样性，使天然森林中的自然生态环境更加郁郁葱葱。因此，我们就应该树立一个正确的森林保护观点：种植一大片人工林，不如保护好一片天然森林。砍伐一片天然林带来的生态破坏和损失，是再种植几倍大的人工林也无法补上的。这也是我们几十年林业事业发展得出的最好的经验和教训。

面对地表径流逐渐萎缩，土地沙漠化日益加剧，环境日益恶化的现实，大家首先想到的就是人工造林。大规模地种植树木，建设防护林，可以保护土壤，阻挡风沙，涵养水源，保持地区的生态平衡，最终改善或恢复整个地区的生态环境。

人工造林对改善生态环境的作用是毋庸质疑的，是一个行之有效的方法。但凡事都必须讲科学，种树也不例外。种树实际上是一门很深的学问，一个地方适不适合种树、种什么树、如何种树、会达到什么效果、树木能存活多长时间等等，都必须用科学的方法来解决。如果盲目种树，不仅不能改善环境，反而会事与愿违，对生态环境造成更大的破坏。

首先，种树要考虑当地的气候和资源条件，因地制宜，"宜树则树，宜草则草，宜荒则荒"。戈壁、沙漠是自然地貌，是千万年来的生态环境造就的，不适合种树。在这些地区如果不考虑当地的实际情况，盲目进行植树造林，效果必定是适得其反。比如，西北有些地区为了防止沙漠的蔓延，大量植树造林。植树造林初期，树的长势很好，对土地的沙漠化产生了一定的保护作用。但随着树木的生长，地表的草本植物不断死亡，最终树木也因为缺水而夭折。原因就是，这些地区降水量小，地下水含量少，而随着树木的生长，对水的需求与日俱增，蒸腾作用也不断增强，宝贵的地下水不断被吸收，导致地表的草本植被因缺水而逐渐死亡，最终的结果就可想而知了。后果还不只于此。植树造林挖开了大量的地表土壤，使土壤暴露在空气中，仅有的水分不断散失，土地逐渐沙化，而原本可以保土固沙的草本植物也完全失去了作用。这样，反而给生态造成了极大的破坏。

其次，植树造林必须考虑树种的生物多样性和系统性。种树不是一朝一夕的，树木能否成林也不是短期内就能见效的，要保证人工林能达到预期的生态效应，能可持续发展，就必须充分考虑树种的生物多样性和系统性。如果不考虑树林的生态系统结构，只图整齐、快速，即使在短期内能有成绩，长远来看，也肯定是要失败的。这在历史上也是有过教训的。1949～1953年，苏联大力实施"斯大林改造大自然计划"，营建防护林绵延数万平方千米，成为当时世界上人类改造大自然的创举之一。但由于防护林树种单一，种的都是橡树，结果发生病虫害，橡树大量死亡。到20世纪60年代末，保存下来的防护林面积只有2%。我国也有此类教训。"三北防护林"曾被誉为中国的"绿色长城"。20多年的时间里，耗资上百亿元，对我国北部地区的生态环境改善起到了积极的作用，但绵延上千里的防护林，有的地方现在已经残缺不全了。这是因为当初造林时不讲科学，到处都是整齐划一的杨树，结果在发生虫害时，单一的杨树成片死亡。仅小小天牛就将宁夏20年的建设成果——几十亿株杨树毁于一旦。

因此，要实现人工林的生态效应，必须从保持生物多样性出发，选择优良的树种，扩大树种资源，实现各林分、树种的合理配置和组合，充分发挥多林种、多树种生物群体的多种功能和效益，形成功能完善、生物学稳定、生态经济高效的生物系统。

2. 合理配置城市绿化系统

在城市中植树造林、种草种花，把一定的地面（空间）覆盖或者是装点起来，这就是城市绿化。城市绿化是栽种植物以改善城市环境的活动。城市绿化是城市生态系统中的还原组织。

城市绿地的配置首先应做到集中与分散相结合。绿地配置如果过于分散零碎，对改善城市微小气候将起不到应有作用，过于集中又不便于居民日常利用。因此必须适当集中，布置一些面积很广、风景优美、自然条件较好、设施完备的大型公园，以满足全市居民在文化、卫生和休息等方面的需要。分散的小公园、广场、三角地和街坊内部的绿地又可满足居民日常休息的要求。

其次，绿地在城市中要大体能做到均匀分布。城市各类公园、街心广场等大片绿地应各有一定服务半径，保证各处的居民均能利用方便。此外，上述绿地应利用林荫道、行道树、防护地带将它们联结起来，并与郊区的森林公园、防护林带联结成一个包围整个城市的完整的绿化系统，能使城外树林、草地和田野的新鲜空气可以沿着沟渠似的林网流入城市的各个地区。

城市绿化步伐加快。许多城市结合道路建设、河道整治和旧城改造开展绿化工作，有效增加了绿地面积；园林化街道、小区和单位创建活动深入开展；城乡绿化一体化建设快速推进，为城市发展注入了新的活力。2005年，我国城市绿化覆盖率达到31.66%，城市建成区绿化覆盖面积96.3万公顷，人均公共绿地面积7.39平方米。城市森林建设方兴未艾，大多数省会已将城市森林建设纳入了城市总体规划。成功举办第二届中国城市森林论坛，沈阳市被授予"国家森林城市"称号。

保护海洋

海洋是地球生命的母亲，是全球生命支持系统的基本组成部分，是保证人类可持续发展的重要财富。20世纪，港口成为诸多大中城市发展的助推剂，海洋国土意识成为我们的共识。

保护海洋是指保护海洋环境，包括保护海洋资源和保护海洋生态系统。

海洋生物环境是一个包括海水、海水中溶解物和悬浮物、海底沉积物及海洋生物在内的复杂系统。海洋中丰富的生物资源、矿产资源、化学资源和动力资源等是人类不可缺少的资源宝库，与人类的生存和发展关系极为密切。

保护海洋的主要目标是保护海洋生物资源，使之不致衰竭，以供人类永续利用。特别要优先保护那些有价值和濒临灭绝危险的海洋生物。据联合国有关部门调查，由于过度捕捞、偶然性的捕杀非目标允许捕杀的海洋生物、海岸滩涂的工程建设、红树林的砍伐、普遍的海洋环境污染，至少使世界上 25 个最有价值的渔场资源消耗殆尽，鲸、海龟、海牛等许多海生动物面临灭亡的危险。预计随着海洋开发规模的扩大，有可能对海洋生物资源造成更大的破坏。

海洋保护的任务首先要制止对海洋生物资源的过度利用，其次要保护好海洋生物栖息地或生境，特别是它们洄游、产卵、觅食、躲避敌害的海岸、滩涂、河口、珊瑚礁，要防止重金属、农药、石油、有机物和易产生富营养化的营养物质等污染海洋。保持海洋生物资源的再生能力和海水的自然净化能力，维护海洋生态平衡，保证人类对海洋的持续开发和利用。

首先要树立正确的海洋观。我们的海洋观必须从过去的一味追求商业利益的资源观转化为生态文明的、体现"代内公正"和"代际公正"的"蓝色家园"观。其次要完善法律制度，依靠法律和制度管理海洋。第三，要实施科技兴海，做到高效微创。只有依靠科学技术才能在取得高经济效益的同时减小环境创伤，做到海洋资源利用与环境保护相协调，鱼与熊掌兼得。第四，要控制陆源污染。具体说来要控制流域排污；加强陆域生态建设，减少水土流失；沿岸城市工业和生活污水适度集中、深度处理、离岸排放；加强海陆协同，实施污染物排海总量控制制度。此外，还要加强海洋生态恢复与建设。实施围填海供给海域面积的总量控制和重点自然岸段的恢复与保护制度；加强自然保护区和特别保护区建设，重点保护滨岸湿地、红树林、珊瑚礁及濒危珍稀物种；注重流域中下游水工建筑与河口生态需水相协调，坚持海域使用论证评估制度和海洋工程环境影响评价制度；适度控制养殖密度与规模，实施清洁化生产和循环经济等。

1. 巧用海洋遏制

在海平面上升的灾难面前，沿海居民正面临着十分严峻的两种选择：要么从海岸撤离，要么挡住海水。

20 世纪以来，人类在征服海洋斗争中似乎获得了一种信念，即人类的智慧可以驾驭任何一种自然力，其中有着"低洼之国"之称的荷兰可谓是向海洋主动挑战的英雄，其精心维护的数百千米的堤坝和天然沙丘使低于海平面的 1/2 以上的国土免遭海水的吞噬。

美国正花费高达 320 亿～3090 亿美元加固加高防波堤、墙，修建新的堤坝以对付海平面上升 1～2 米所带来的巨大威胁，并停止在海岸线建立新城及工业、旅游、疗养设施和海滨低洼公路。

由此看来，这些经济雄厚的国家和地区也是在全力为防止海岸性灾难而制定了行之有效的防护计划和措施，表明了其无意撤离海岸的决心。

"凡事预则立，不预则废"。专家们认为，修建防波堤虽然只是可以解决燃眉之急，但提前做好准备工作，要比几十年后"临时抱佛脚"便宜90%，能把损失和灾难降低到最低限度。

出席中国海平面变化及对策座谈会的专家一致建议，作为发展中的中国，不能听任海平面上升灾难的摆布，为了使海平面上升的可能性损失大大缩小，从现在起，就要教育人民增强海洋意识，树立防灾观念，要根据中国国情，贯彻以防为主、防救结合的方针。沿海城市要尽量减少开采地下水，搞好回灌，以减轻减少地面沉降；在重点地段建筑防护堤坝预防海水入浸；在地势低洼的岸段新建工程要考虑海平面上升的防范措施，加高起始高度。专家们还一致提议，因海平面上升可能被淹没的地区，从现在起要尽量避免将沿海低地作为新的经济开发区或高技术开发区。据报道，泰国、印度等国政府和组织大都采取放慢发展本国经济的应急措施制定出行之有效的防护计划。

国际行动

《联合国气候变化框架公约》

1. 概 述

《联合国气候变化框架公约》简称《框架公约》，是 1992 年 5 月 22 日联合国政府间谈判委员会就气候变化问题达成的公约，于 1992 年 6 月 4 日在巴西里约热内卢举行的联合国环发大会（地球首脑会议）上通过。

《联合国气候变化框架公约》是世界上第一个为全面控制二氧化碳等温室气体排放，以应对全球气候变暖给人类经济和社会带来不利影响的国际公约，也是国际社会在对付全球气候变化问题上进行国际合作的一个基本框架。

公约于1994年3月21日正式生效。截至2004年5月，公约已拥有189个缔约方。

公约将参加国分为3类：

（1）工业化国家。这些国家答应要以1990年的排放量为基础进行削减。承担削减排放温室气体的义务。如果不能完成削减任务，可以从其他国家购买排放指标。美国是唯一一个没有签署《京都议定书》的工业化国家。

（2）发达国家。这些国家不承担具体削减义务，但承担为发展中国家进行资金、技术援助的义务。

（3）发展中国家。不承担削减义务，以免影响经济发展，可以接受发达国家的资金、技术援助，但不得出卖排放指标。

公约由序言及26条正文组成。这是一个有法律约束力的公约，旨在控制大气中二氧化碳、甲烷和其他造成"温室效应"的气体的排放，将温室气体的浓度稳定在使气候系统免遭破坏的水平上。

公约对发达国家和发展中国家规定的义务以及履行义务的程序有所区别。公约要求发达国家作为温室气体的排放大户，采取具体措施限制温室气体的排放，并向发展中国家提供资金以支付它们履行公约义务所需的费用。而发展中国家只承担提供温室气体源与温室气体汇的国家清单的义务，制订并执行含有关于温室气体源与汇方面措施的方案，不承担有法律约束力的限控义务。公约建立了一个向发展中国家提供资金和技术，使其能够履行公约义务的资金机制。

2.《联合国气候变化框架公约》目标

《联合国气候变化框架公约》的目标是减少温室气体排放，减少人为活动对气候系统的危害，减缓气候变化，增强生态系统对气候变化的适应性，确保粮食生产和经济可持续发展。为实现上述目标，公约确立了5个基本原则：①"共同而区别"的原则，要求发达国家应率先采取措施，应对气候变化；②要考虑发展中国家的具体需要和国情；③各缔约国方应当采取必要措施，预测、防止和减少引起气候变化的因素；④尊重各缔约方的可持续发展权；⑤加强国际合作，应对气候变化的措施不能成为国际贸易的壁垒。

根据《联合国气候变化框架公约》第一次缔约方大会的授权（柏林授权），缔约国经过近 3 年谈判，于 1997 年 12 月 11 日在日本东京签署了《京都议定书》。该《议定书》确定《联合国气候变化框架公约》发达国家（工业化国家）在 2008～2012 年的减排指标，工业化国家在 1990 年排放量的基础上减排 5%，同时确立了 3 个实现减排的灵活机制，即联合履约、排放贸易和清洁发展机制。其中清洁发展机制同发展中国家关系密切，其目的是帮助发达国家实现减排，同时协助发展中国家实现可持续发展，是由发达国家向发展中国家提供技术转让和资金，通过项目提高发展中国家能源利用率，减少排放，或通过造林增加二氧化碳吸收，排放的减少和增加的二氧化碳吸收计入发达国家的减排量。根据《马拉喀什协议》的有关规定，发达国家通过清洁发展机制下造林和更新造林活动实现的年减排量不得超过其 1990 年排放量的 1%。

根据《京都议定书》的规定，至少在 55 个缔约方，其中至少有占工业化国家集团 1990 年二氧化碳排放总量 55% 的发达国家批准本议定书之后第 90 天才行生效。俄罗斯已经批准《京都议定书》并向联合国秘书长备案，议定书于 2005 年 2 月 16 日生效。《京都议定书》生效后，三个灵活机制将正式启动。清洁发展机制下的造林和更新造林项目也将正式运行，林业碳汇市场将不断发展，林业碳汇国家贸易也将不断增加。

目前《联合国气候变化框架公约》的谈判难点是国际财政机制安排、实质性技术转让、发达国家加强履约、土地利用和林业。这些问题也将是 2005 年启动的《京都议定书》第二承诺期谈判的焦点。其间，林业议题的重点是森林经营和林产品贮碳，就是是否把森林经营作为减排的途径，是否把林产品中碳计入减排量。

在《联合国气候变化框架公约》第 6 次缔约方大会期间，美国退出

《京都议定书》，给《京都议定书》蒙上了阴影，为国际减排进程设置了障碍。美国态度坚决，表示不会回到《京都议定书》轨道上来，但《联合国气候变化框架公约》缔约国特别是欧盟极力想把美国牵回《京都议定书》的轨道。

《联合国气候变化框架公约》要求发达国家在 20 世纪末将其温室气体排放恢复到 1990 年的水平。但事实表明，多数发达国家的排放量仍在增长。

《联合国气候变化框架公约》的常设秘书处设在德国的波恩。中国于 1992 年 6 月 11 日签署该公约，1993 年 1 月 5 日交存加入书。

（1）公约《京都议定书》

《京都议定书》，又叫做《京都协议书》、《京都条约》，全称是《联合国气候变化框架公约的京都议定书》，是人类历史上第一部限制各国温室气体（主要二氧化碳）排放的国际法案。

本公约是由联合国气候大会于 1997 年 12 月在日本京都通过的，所以称作《京都议定书》。是《联合国气候变化框架公约》的补充条款。它的目标是"将大气中的温室气体含量稳定在一个适当的水平，进而防止剧烈的气候改变对人类造成伤害"。

（2）《京都议定书》的历史背景

1997 年 12 月，在日本京都召开的《联合国气候变化框架公约》缔约方第三次会议通过了旨在限制发达国家温室气体排放量以抑制全球变暖的《京都议定书》。并于 1998 年 3 月 16 日至 1999 年 3 月 15 日间开放签字，条约于 2005 年 2 月 16 日开始强制生效，到 2005 年 9 月，一共有 156 个国家通过了该条约（占全球排放量的 61%），引人注目的是美国和澳大利亚没有签署该条约。

条约规定，它在"不少于 55 个参与国签署该条约并且温室气体排放量达到附件 I 中规定国家在 1990 年总排放量的 55% 后的第 90 天"开始生效，这两个条件中，"55 个国家"在 2002 年 5 月 23 日当冰岛通过后首先达到，2004 年 12 月 18 日俄罗斯通过了该条约后达到了"55%"的条件，条约在 90 天后于 2005 年 2 月 16 日开始强制生效。美国人口仅占全球人口的 3% ~ 4%，而排放的二氧化碳却占全球排放量的 25% 以上，为全球温室气体排放量最大的国家。美国曾于 1998 年签署了《京都议定书》。但 2001 年 3 月，布什政府以"减少温室气体排放将会影响美国经济发展"和"发展中国家也应该承担减排和限排温室气体的义务"为借口，宣布拒绝批准《京都议定书》。

（3）《京都议定书》详情

措施：

《京都议定书》规定，到 2010 年，所有发达国家二氧化碳等 6 种温室气体的排放量，要比 1990 年减少 5.2%。具体说，各发达国家从 2008 年到 2012 年必须完成的削减目标是：与 1990 年相比，欧盟削减 8%、美国削减 7%、日本削减 6%、加拿大削减 6%、东欧各国削减 5%~8%。新西兰、俄罗斯和乌克兰可将排放量稳定在 1990 年水平上。议定书同时允许爱尔兰、澳大利亚和挪威的排放量比 1990 年分别增加 10%、8% 和 1%。

《京都议定书》需要在占全球温室气体排放量 55% 以上的至少 55 个国家批准，才能成为具有法律约束力的国际公约。中国于 1998 年 5 月签署并于 2002 年 8 月核准了该议定书。欧盟及其成员国于 2002 年 5 月 31 日正式批准了《京都议定书》。2004 年 11 月 5 日，俄罗斯总统普京在《京都议定书》上签字，使其正式成为俄罗斯的法律文本。截至 2005 年 8 月 13 日，全球已有 142 个国家和地区签署该议定书，其中包括 30 个工业化国家，批准国家的人口数量占全世界总人口的 80%。

减排方式：

① 两个发达国家之间可以进行排放额度买卖的"排放权交易"，即难以完成削减任务的国家，可以花钱从超额完成任务的国家买进超出的额度。

② 以"净排放量"计算温室气体排放量，即从本国实际排放量中扣除森林所吸收的二氧化碳的数量。

③ 可以采用绿色开发机制，促使发达国家和发展中国家共同减排温室气体。

④ 可以采用"集团方式"，即欧盟内部的许多国家可视为一个整体，采取有的国家削减、有的国家增加的方法，在总体上完成减排任务。

京都议定书采取责任区分：

《京都议定书》遵循《联合国气候变化框架公约》制定的"共同但有区别的责任"原则，要求作为温室气体排放大户的发达国家采取具体措施限制温室气体的排放，而发展中国家不承担有法律约束力的温室气体限控义务。

京都议定书机制：

《京都议定书》建立了旨在减排的 3 个灵活合作机制——国际排放贸易机制、联合履行机制和清洁发展机制，这些机制允许发达国家通过碳交易市场等灵活完成减排任务，而发展中国家可以获得相关技术和资金。2006年，全球碳交易市场规模已达到 300 亿美元。

京都议定书组织：

政府间气候变化小组（Intergovernmental Panel on Climate Change，简称IPCC）已经预计从 1990 年到 2100 年全球气温将升高 1.4℃ ~ 5.8℃。目前的评估显示，京都议定书如果能被彻底完全地执行，到 2050 年之前仅可以把气温的升幅减少 0.02℃ ~ 0.28℃，正因为如此，许多批评家和环保主义者质疑京都议定书的价值，认为其标准定得太低根本不足以应对未来的严重危机。而支持者们指出京都议定书只是第一步，为了达到 UNFCCC 的目标今后还有继续修改完善，直到达到 UNFCCC 4.2（d）规定的要求为止。

京都议定书责任：

一些发达国家对发展中国家的态度已经在发展中国家中受到了批评。例如，UNFCCC 同意建立一套"普遍但有所区分的责任"，参与国达成了以下共识：无论从历史上还是现在来看，发达国家都是主要的温室气体排放国；发展中国家的人均排放量还是很低的发展中国家的排放控制应该和他们的社会发展水平相适应。

另一方面，中国、印度以及其他的发展中国家目前被京都议定书豁免，是因为它们并没有在工业化时期大量排放温室气体并造成当今全球的气候变化。

然而，有评论者认为，中国、印度与其他发展中国家将很快成为大量排放温室气体的国家。同时，如果这些国家不被京都议定书限制，则无法达成温室气体的减量。

支持京都议定书的人强调减少温室气体排放至关重要，他们认为正是二氧化碳引起全球变暖。

　　凡是本国国会批准了该项条约的国家政府都是支持该条约的。这当中尤为突出的是欧盟和许多环保组织。联合国和一些独立科学研究机构（甚至包括各个国家的科研机构）也都有报告从不同的角度支持京都议定书。

　　2005年12月3日被提议为国际行动日，也是蒙特利尔会议举行的时间。这一提议已经被世界社会论坛所认可。

　　3.《联合国气候变化框架公约》会议

　　自1995年3月28日首次缔约方大会在柏林举行以来，缔约方每年都召开会议。

　　1997年12月11日，第3次缔约方大会在日本京都召开。149个国家和地区的代表通过了《京都议定书》，它规定从2008到2012年期间，主要工业发达国家的温室气体排放量要在1990年的基础上平均减少5.2%，其中欧盟将6种温室气体的排放削减8%，美国削减7%，日本削减6%。但是2000年11月在海牙召开的第6次缔约方大会期间，世界上最大的温室气体排放国美国坚持要大幅度折扣它的减排指标，因而使会议陷入僵局，大会主办者不得不宣布休会，将会议延期到2001年7月在波恩继续举行。

　　2001年10月，第7次缔约方大会在摩洛哥马拉喀什举行。

　　2002年10月，第8次缔约方大会在印度新德里举行。会议通过的《德里宣言》，强调应对气候变化必须在可持续发展的框架内进行。

　　2003年12月，第9次缔约方大会在意大利米兰举行。这些国家和地区温室气体排放量占世界总量的60%。

　　2004年12月，第10次缔约方大会在阿根廷布宜诺斯艾利斯举行。

　　2005年2月16日，《京都议定书》正式生效。目前，已有156个国家和地区批准了该项协议。

　　2005年11月，第11次缔约方大会在加拿大蒙特利尔市举行。

　　2006年11月，第12次缔约方大会在肯尼亚首都内罗毕举行。

　　2007年12月，第13次缔约方大会在印度尼西亚巴厘岛举行，会议着重讨论"后京都"问题，即《京都议定书》第一承诺期在2012年到期后如何进一步降低温室气体的排放。15 日，联合国气候变化大会通过了"巴厘岛路线图"，启动了加强《公约》和《京都议定书》全面实施的谈判进程，致力于在 2009 年年底前完成《京都议定书》第一承诺期 2012 年到期后全球应对气候变化新安排的谈判并签署有关协议。

2008 年 12 月，第 14 次缔约方大会在波兰波兹南市举行。2008 年 7 月 8 日，八国集团领导人在八国集团首脑会议上就温室气体长期减排目标达成一致。八国集团领导人在一份声明中说，八国寻求与《联合国气候变化框架公约》其他缔约国共同实现到 2050 年将全球温室气体排放量减少至少一半的长期目标，并在公约相关谈判中与这些国家讨论并通过这一目标。

4. 哥本哈根会议

2009 年 12 月，在北纬 56°的哥本哈根，举行了为期 12 天的联合国气候变化大会。这次大会被人们称为"人类拯救地球的最后机会"。

限制二氧化碳的排放量就等于是限制了对能源的消耗，必将对世界各国产生制约性的影响。应在发展中国家"减排"，还是在发达国家"减排"成为各国讨论的焦点问题。发展中国家的温室气体排放量不断增加，2013 年后的"减排"问题必然会集中在发展中国家。有关阻止全球气候变暖的科学问题必然引发"南北关系"问题，从而使气候问题成为一个国际性政治问题。

（1）概述

哥本哈根世界气候大会全称《联合国气候变化框架公约》第 15 次缔约方会议暨《京都议定书》第 5 次缔约方会议，于 2009 年 12 月 7～18 日在丹麦首都哥本哈根召开。来自 192 个国家的谈判代表召开峰会，商讨《京都议定书》一期承诺到期后的后续方案，即 2012～2020 年的全球减排协议。

（2）哥本哈根气候大会

哥本哈根世界气候大会也被称为哥本哈根联合国气候变化大会。12 月 7 日起，192 个国家的环境部长和其他官员们在哥本哈根召开联合国气候会议，商讨《京都议定书》一期承诺到期后的后续方案，就未来应对气候变化的全球行动签署新的协议。这是继《京都议定书》后又一具有划时代意义的全球气候协议书，毫无疑问，对地球今后的气候变化走向产生决定性的影响。这是一次被喻为"拯救人类的最后一次机会"的会议。会议在现代化的 Bella 中心举行，为期 2 周。

根据 2007 年在印度尼西亚巴厘岛举行的第 13 次缔约方会议通过的《巴厘路线图》的规定，2009 年末在哥本哈根召开的第 15 次会议将努力通过一份新的《哥本哈根议定书》，以代替 2012 年即将到期的《京都议定书》。考虑到协议的实施操作环节所耗费的时间，如果《哥本哈根议定书》不能在 2009 年的缔约方会议上达成共识并获得通过，那么在 2012 年《京都议定书》第一承诺期到期后，全球将没有一个共同文件来约束温室气体的排放，会导致遏制全球变暖的行动遭到重大挫折。因此，很大程度上，此次会议被视为全人类联合遏制全球变暖行动一次很重要的努力。

基于现实困境，各国政府、非政府组织、学者、媒体和民众都非常关注本次哥本哈根世界气候大会，哥本哈根的议题在近一年来一直是各大国际外交场合的重点议题。美国总统奥巴马以及中国国家主席胡锦涛已经多次就此话题表态。而中美两国对气候变化议题的态度一直都是全球媒体的最佳关注重点。

（3）焦点问题

焦点问题主要问题集中在"责任共担"。

气候科学家们表示全球必须停止增加温室气体排放，并且在 2015～2020 年间开始减少排放。科学家们预计想要防止全球平均气温再上升 2℃，到 2050 年，全球的温室气体减排量需达到 1990 年水平的 80%。

但是哪些国家应该减少排放？该减排多少呢？比如，经济高速增长的中国最近已经超过美国成为最大的二氧化碳排放国。但在历史上，美国排放的温室气体最多，远超过中国。而且，中国的人均排放量仅为美国的 1/4 左右。

中国政府争辩说：从道义上讲，中国有权力发展经济、继续增长，增加碳排放将不可避免。而且工业化国家将碳排放"外包"给了发展中国家——中国替西方购买者进行着大量碳密集型的的生产制造。作为消费者的国家应该对制造产品过程中产生的碳排放负责，而不是出口这些产品的国家。

诸如此类的问题都将影响到 COP 15 能否成功。同时，还有人怀疑现在采取的任何应对气候变化的措施可能都显得微不足道、为时已晚。《卫报》的一份问卷调查显示，近九成的气候学家不相信通过政治手段能避免全球平均气温再上升 2℃。根据欧盟定义的级别，2℃意味着"危险"。

在呼吁人们为控制全球变暖行动起来的"气候危机"全球演唱会在 2007 年 7 月 7 日举行，人类首次登顶珠峰的新西兰人埃德蒙·希拉里的后代彼得·希拉里和尼泊尔向导丹增·诺盖的后代杰姆林·诺盖前日说，全球变暖正迅速改变世界第一高峰珠穆朗玛峰的面目，以致他们几乎无法认出。

希拉里爵士的儿子彼得·希拉里曾两次登顶珠峰，他说："气候变化正在发生，这是事实。（登顶）大本营过去在 5320 米处，今年这个高度已经降到 5280 米，这都是因为冰川从上而下在融化。大本营的高度每年还在下降。"

也曾登顶珠峰的杰姆林·诺盖说，发生在珠穆朗玛峰的变化，正是气候变化改变地球的先兆。

1953 年 5 月 29 日，希拉里爵士和诺盖首次登上珠峰，他们曾搭设过帐篷的冰川在过去 20 年里已倒退 3 英里（1 英里≈1609 米）。科学家们相信，未来 50 年，如果目前的融化速度不变，那些长度在 0.5~3 英里之间的喜马拉雅冰川将会融化为一块一块的雪块。

更糟的是，冰川融化将给居住在喜马拉雅山下印度和中国的居民带来影响。一方面是山川地貌改变；另一方面，大量冰川融水在当地形成大型湖泊，并形成潜在的洪水威胁。联合国的调查显示，在喜马拉雅地区约 9000 个冰川湖泊中，有 200 多个存在爆发洪水的危险。科学家们估计，今天洪水的威力比 1985 年造成灾难的洪水大 20 倍。

彼得·希拉里说："我曾亲眼看到冰川湖水冲破堤岸，造成灾难性的后果，那场景就像一颗爆炸的原子弹，摧毁了一切。今天，不幸的是，我们可能面临的洪水破坏力是过去根本不能相比的。"

（4）《哥本哈根协议》会议达成无约束力协议

联合国气候变化框架公约第 15 次缔约方会议和京都议定书第 5 次缔约方会议于 2009 年 12 月 19 日下午在丹麦首都哥本哈根落幕。会议达成不具法律约束力的《哥本哈根协议》。

潘基文当天发表了一篇充满感情色彩的讲话。他说，过去的两天令人"筋疲力尽"。我们进行的讨论"时而有戏剧性，时而非常热烈"。

《哥本哈根协议》维护了《联合国气候变化框架公约》及其《京都议定书》确立的"共同但有区别的责任"原则，就发达国家实行强制减排和发展中国家采取自主减缓行动作出了安排，并就全球长期目标、资金和技术支持、透明度等焦点问题达成广泛共识。

潘基文说，他对哥本哈根气候变化大会所取得的进展感到满意，本次会议是朝着正确的方向迈出了一步。他表示，过去 13 天的谈判相当复杂，进展相当艰难。虽然本次会议没有达成一项具有法律约束力的协议，但他将尽力推动在 2010 年实现这一点。

本届气候变化大会于 12 月 7～19 日在哥本哈根召开，比原计划晚一天闭幕。会议的最终阶段为领导人会议，于 18 日起举行，约 130 个国领导人与会，被联合国官员形容为"历史盛事"。

（5）大会意义

商讨《京都议定书》一期承诺到期后的后续方案，就未来应对气候变化的全球行动签署新的协议。这是继《京都议定书》后又一具有划时代意义的全球气候协议书。

如果《哥本哈根议定书》不能在 2010 年的缔约方会议上达成共识并获得通过，那么在 2012 年《京都议定书》第一承诺期到期之后，全球将没有一个共同文件来约束温室气体的排放。这将导致人类遏制全球变暖的行动遭到重大挫折。也因为这个原因，本次会议被喻为"拯救人类的最后一次机会"。

民间行动

1. 全球环保运动

（1）罗马俱乐部：非政府间的国际组织

1968 年 4 月，美国、日本、德国、意大利、瑞士等 10 多个国家的 30 多位科学家在意大利首都罗马的林赛科学院召开研究人类当前和未来的困境——生存问题的首次国际性讨论会。会后成立了一个非政府之间的国际组织——"罗马俱乐部"。这家俱乐部陆续发表了一些对世界舆论产生广泛影响的研究报告。目前，参加"罗马俱乐部"的已有来自40多个国家的100多名代表。

当今世界，环境问题引起国际社会的广泛关注，在全球范围内兴起了日益高涨的保护人类生存环境的运动。

（2）环境管理系列：绿色革命

1972年，斯德哥尔摩人类环境会议之后，具有卓识远见的经济学家和企业家开始意识到环境问题将反过来影响经济，并预感到21世纪的工业生产必将产生一场以保护环境、节约资源为核心的革命。这就是目前已经破土出苗的"绿色革命"。

在一些先行国家的企业中已经开始实施"绿色设计"、"清洁生产"、"绿色会计"、"绿色产品"；有一些国家的政府和消费者团体已经向人民群众大力宣传和号召购买绿色产品。

环境管理系列还实施环境标志制度。早在1978年，德国（原西德）就首先使用了环境标志，之后加拿大、日本、美国于1988年，丹麦、芬兰、冰岛、挪威、瑞典于1989年，法国、欧洲联盟于1991年也都实施了环境标志。中国于1993年8月正式颁布了环境标志。目前，世界上共有20多个国家和地区已实施或正在积极准备实施环境标志。可以说，环境标志在世界上兴起了一场保护环境的绿色浪潮。

（3）香港和台湾的民间环境保护运动

在环境问题的解决上，公民个人的能力和学识都很有限，若公众组织起来，成立民间环境保护社会团体，开展环境保护宣传、环境科学学术交流、环境保护科技成果推广、环境科学知识咨询等活动，将会有效提高全民族的环境意识，并为政府决策提供有力的参谋。在这方面，中国香港和台湾的民间环境保护运动就是明显的例证。

香港，作为国际性的大都市，有着繁荣的金融贸易和发达的加工业、交通业及城市能源供应。随之产生的环境问题也十分突出，除政府的环境管理工作外，香港的民间环境保护活动日益活跃。在香港，民间环保团体分为3类：①全港性组织，如长春社、地球之友和绿色力量；②区域性组织，如世界野生生物香港基金会和工人健康中心；③许多附属社区服务中心的组织和学校的保护环境学会。

成立于1968年的长春社旨在"关心生态、保护环境"，使地球生物能享有良好的生态环境，它出版的季刊《绿色警觉》尝试从科学、文化、社会各个角度透视环境问题。世界野生生物香港基金会（简称WWF）是目前香港规模最大的民间环境保护团体，提倡及促进保护大自然和一切自然资源。WWF在香港仅存的大片湿地——后海湾成立了自然保护区和野生生物教育中心，为环境研究和教育不遗余力地工作。

地球之友于1983年在香港注册成为慈善团体，其宗旨为照顾地球及其居民，它的环境保护运动主要着眼于臭氧和热带雨林，出版的季刊《一个地球》发行量4000份。

中国台湾的民间环境保护活动也十分蓬勃，其民间环境保护团体有3类：①有官方支持的组织，如著名社会活动家张丰绪任会长的自然生态保育协会和台湾环境保护联盟等。②财团法人性质的基金会，如绿色消费者基金会、美化环境基金会、新环境基金会等。③专门性的学术团体，如野鸟学会、环境工程学会、环境卫生学会、环境绿化协会、海洋保护学会等，这些团体包括了学术性、教育性及政策游说性的机构。有的还在台湾各地设有分支机构，而且其他性质的民间组织如女青年会也开始关注起环境问题并积极开展环境保护活动。

（4）风起云涌的校园环境保护

青年几乎占世界人口的30%。青年是世界的未来，我们青年共同的未来不但需要政治上所创造的安定、团结的社会环境，同时也需要一个安宁和谐的自然环境。青年的广泛参与是可持续发展战略得以贯彻和延续的重要保证。世界各国都在采取积极的行动，促进青少年参与可持续发展。

1992年，世界环境与发展首脑会议通过的《里约宣言》告诉我们："应调动世界青年的创造性、理想和勇气，培养全球伙伴精神，以期实现持久发展和保证人人有一个更好的将来。"

世界环境保护事业离不开亿万中国青年的积极参与。中国是一个环境大国，环境保护是一项基本国策，广大青年已成为这项国策的响应者和实践者。

1994 年 4 月 22 日，美国副总统戈尔于"地球日"发起了一项《有益于环境的全球学习与观测计划（GLOBE）》，邀请各国青少年参加。该计划主要是动员各国青少年和儿童通过观察和收集当地的环境数据，通过电脑处理后进行交换，从而更加清楚地认识全球环境现状以及所面临的环境危机。中国也加入了这一计划。

中国在 1993 年成立了"中国青年环境论坛"，并就"中国青年与环境保护"和"青年企业家与环境保护"展开讨论。各地成立了诸如徐州矿务局中学生环境保护小记者团、武汉大兴路小学红领巾环境观测站等非政府组织，并都获得了"全球 500"的荣誉称号，促进了与世界各国青少年的交流和合作。

青年大学生更是环境保护、建设生态文明的主力军。首都高校已有几十家与环境保护有关的社团组织，曾组织过"跨世纪青年绿色志愿者联谊活动"，自觉承担起保护环境的历史重任。1995 年，北京大学爱心社组织了"爱心万里行"长征队，以高度的责任感和爱国心风尘仆仆奔波了 1 个月，以实际行动保护生态环境；首都高校环境社团联合组队去云南山区，保护濒于灭绝的野生动物；每年一届的中国青年环境论坛学术会议上，青年环境科学家们会聚一堂，发表了《中国青年环境宣言》……

在具有百年优秀历史的北京大学，与环境直接或间接有关的社团将近10 家，如北大环境与发展协会、绿色生命协会、爱心社等。

北京大学环境与发展协会成立于 1991 年 5 月，现有会员共 410 余名，遍及北大所有院系，是北大科研水平最高的学术社团之一，也是北京高校最早成立的环境保护性公益社团。多年来，环发协会兴办过一系列独具特色的环境活动。例如编写《环境·污染与健康》在校内广泛传阅；编写《北京大学校园环境报告书》，以大量翔实的数据对北大的水、空气、噪声和辐射污染进行了全方位的观测分析，引起了广泛关注；组织会员参观过密云水库、官厅水库的水源保护，考察了龙庆峡、康西草原等风景区的旅游资源保护；还曾赴鞍山钢铁厂、北京炼焦化学厂和山东嘉祥县造纸厂进行调查研究，赴西双版纳热带雨林、张家界亚热带常绿阔叶林和黄土高原

201

温带落叶阔叶林等自然保护区考察学习。大量的活动丰富了协会会员的经验，也及时充实了协会的材料库。此外该协会还成功举办了北京大学环境与发展文化节；协会还曾举办"可持续发展青年研讨会"、"中国环境科学座谈会"、"环境科学图片展"等，参加过国际生物多样性会议、中日环境教育研讨会等国际性的学术交流活动。

重庆大学"绿色家园"协会的会标是蓝、绿、黄三片树叶，蓝色代表洁净的天空，绿色代表青山绿水，黄色代表土地；河北经贸大学的"自然之子"协会钟情于大自然——人类是自然之子，人类应当成为大自然的卫士；吉林大学"环境保护协会"认为，大学生接受的是高等教育，如果我们都缺乏环境意识，就更谈不上全民族环境意识的提高；云南大学"唤青社"在云南撒播绿色的希望；辽宁师大"爱鸟协会"宣言——没有鸟的城市是座可悲的城市，同样，不爱护鸟的人，是可悲的人。

在中国，方兴未艾的环境保护浪潮吸引了大学生充满热情、充满憧憬的目光。他们不仅密切注视国内外的最新环境保护动向，而且身体力行，积极参加有关环境的社会实践活动。现实让他们懂得：保护环境，需要的是行动而不是空谈。

我们要同各国青年携起手来，在全球范围内掀起环境保护运动的浪潮。虽然我们肤色不同，语言不通，但共同的阳光雨露滋润着我们成长。高耸的山峰是地球的筋骨，奔腾的江河是地球的血脉，世界是属于我们大家的，而我们只有一个地球。

让我们青年用坚挺的脊梁撑起世界屋脊，把激荡的热血注入海洋的脉搏……让江河欢畅地奔流，让树木自由地成长，让动物安宁地生存，把茂密还给森林，把蔚蓝还给天空，把青春美丽还给地球母亲……保护环境、珍惜地球、爱护生命、维护和平，扎扎实实地走在世界可持续发展的道路上，走向人类共同的未来。